河南省平原区地下水动态图集

（1972—2016）

河 南 省 水 文 水 资 源 局　编著

李洋　肖航　燕青　魏楠　主编

黄河水利出版社

·郑州·

图书在版编目（CIP）数据

河南省平原区地下水动态图集：1972—2016 / 河南省水文水资源局编著；李洋等主编．— 郑州：黄河水利出版社，2021.9
ISBN 978 - 7 - 5509 - 3120 - 6

Ⅰ．①河…　Ⅱ．①河…　②李…　Ⅲ．①地下水动态 - 河南 - 1972—2016 - 图集　Ⅳ．① P641.626.1-64

中国版本图书馆 CIP 数据核字（2021）第 202233 号

出 版 社：黄河水利出版社
地址：河南省郑州市顺河路黄委会综合楼 14 层
网址：www.yrcp.com
邮编：450003
发行单位：黄河水利出版社
发行部电话：0371 - 66026940、66020550、66028024、66022620（传真）
E-mail：hhslcbs@126.com
承印单位：河南匠之心印刷有限公司
开本：787 mm × 1 092 mm　1/16
印张：6.25
字数：200 千字
版次：2021 年 9 月第 1 版
审图号：豫 S〔2021 年〕037 号
印　数：1—1 000
印　次：2021 年 9 月第 1 次印刷

定价：218.00 元

《河南省平原区地下水动态图集（1972—2016）》编委会

主　编　李　洋　肖　航　燕　青　魏　楠

副主编（排名不分先后）

刘守东　李　洋　高东格　李贺丽　王　闯
饶元根　李莎莎　刘　磊　赵清虎　赵文举
常肖杰　李　爽　韩　政　夏沁园

参编人员（排名不分先后）

闫寿松　薛运宏　游巍亭　顾长宽　苗红雄
王丙申　焦迎乐　邵全忠　郑仕强　蔡长明
包文亭　靳永强　李娟芳　韦红敏　康大宁
黄素琴　郭双喜　魏　鸿　张彦波　彭　博
梁　良　潘风伟　白盈盈　申方凡　詹继峰
高　源　王　帅

内容简介

本图集收集了河南省地下水人工观测井 1972—2016 年逐年历史沿革资料和观测数据，对其进行了整理和分析，筛选出 600 余个资料系列较长站点的观测数据，采用克里金插值法对站点年末地下水埋深数据进行插值，逐年绘制了河南省地下水埋深等值面图。

本图集有 45 年地下水埋深等值面图，可直观表现河南省平原区地下水动态变化过程，具有较强的实用性；可为省内外从事地下水监测、地下水评价、地下水基础环境状况调查和地下水开发保护等专业技术人员提供参考，也可为地下水生态环境治理、地下水超采区治理规划、地下水科学开发管理等行业行政决策者提供技术依据与支撑。

本图集中各级境界仅为示意性画法，不作实地划界依据。

前　言

水是生命之源、生产之要、生态之基。地下水是水资源的重要组成部分，它不仅是我国城乡生活和工农业生产的重要供水水源，而且是维系生态系统的基本要素，是自然生态系统及环境的重要组成部分。

人类社会要保障地下水资源持续利用、防治地质环境灾害、保护地质环境，促进经济社会可持续发展，掌握地下水动态变化是非常有必要的。开展地下水监测是认识和掌握地下水动态变化特征的首要手段，是一项长期的基础性、公益性事业，也是水文工作的重要内容。

河南省地下水监测工作始于20世纪70年代初。基于井灌规划和管理的需要，1971年河南省水利厅和河南省地矿局共同筹建全省平原区地下水观测井网，每县布设3～5眼，由各县水利局领导，委托气象站、水文站观测，或委托当地人员观测，以便及时掌握平原区地下水动态，观测频次大多为1日一次或5日一次；监测要素主要为埋深（水位），部分年份部分井开展水温、开采量和水质监测。观测人员采用测绳、皮尺等工具对地下水埋深进行测量，每月末通过固定电话或邮件方式将观测数据汇总至河南省水文水资源局（简称“省水文局”）。1972年开始地下水观测资料经整编后，作为《河南省地下水资料》年鉴正式刊印。

经过几十年的发展，截至2018年，河南省人工地下水观测站网总体规模基本稳定在1 300眼左右，多年来积累了大量的地下水动态监测资料，为各级部门和社会提供了及时、准确、全面的地下水动态信息，为地下水资源计算评价、优化配置、科学管理和决策提供了技术依据，为抗旱减灾、保护生态环境、水资源可持续利用和国家重大战略决策提供了基础支撑。

然而，随着我国经济社会的发展和人口增长，一些地区地下水过度开采，造成了地下水水位持续下降、地面沉降、地下水污染等一系列问题，这必然对地下水监测工作提出更高、更多、更新的要求。地下水人工监测站长期以来一直存在的站网密度低、专用监测井少、监测技术手段落后、信息服务能力差等问题也逐渐凸显。尤其是21世纪以来，人工观测地下水动态的工作方式弊端更加明显，已不能适应与支撑实现最严格水资源管理制度和经济社会可持续发展的需求。

2015 年起，国家开始实施国家地下水监测工程，在全国范围内建设地下水自动监测站网。该工程已于 2017 年全面投入运行。今后自动监测站网将会逐步替代人工监测站网，监测信息的时效性、数据的可靠性和信息化服务水平将会有更大的提高。目前，省水文局地下水监测工作重点也逐步向自动站网管理转移，对外提供的分析评价成果也逐步以自动监测数据为主。2017 年，水利部启动第三次全国水资源调查评价工作，其中要求对评价期 2001—2016 年地下水动态进行分析评价。因此，在这样一个历史时间节点，以第三次全国水资源调查评价为契机，对过去几十年积累的人工观测数据进行全面梳理和分析，做一成果总结，充分挖掘历史观测数据的价值，实现其更大的意义，为研究河南省地下水历史演变和动态变化规律提供技术参考。

《河南省平原区地下水动态图集（1972—2016）》一书由省水文局组织有关技术人员绘制完成。本图集收集了河南省地下水人工观测井 1972—2016 年逐年历史沿革资料和观测数据，对其进行了整理和分析，筛选出 600 余个资料系列较长站点的观测数据，采用克里金插值法对站点年末地下水埋深数据进行插值，逐年绘制了河南省地下水埋深等值线面图，形成本图集。图集有 45 年地下水埋深等值面图，可直观表现河南省平原区地下水动态变化过程，具有较强的实用性；可为省内外从事地下水监测、地下水评价和地下水开发保护等专业技术人员提供参考，也可为地下水生态环境治理、地下水管理等行业行政决策者提供技术依据。

《河南省平原区地下水动态图集（1972—2016）》一书由省水文局李洋、肖航、燕青、魏楠主编，有关地市水文水资源勘测局技术人员负责数据的整理、校核、清洗、筛选以及成果图件的复核和整饰。另外，在本图集编制过程中，受到安阳、濮阳等十八个地市水文水资源勘测局多位领导的大力支持，在此表示衷心感谢。

由于观测资料历经 45 年之久，人工地下水观测井依托生产井设立，历史上因各种因素导致站址变更较为频繁，加之人工观测队伍不稳定，在一定程度上影响了观测数据的连续性，本图集成果难免有不妥之处，敬请广大读者批评指正。

作　者

2021 年 4 月

河南省平原区地下水埋深等值面图（1972年末）

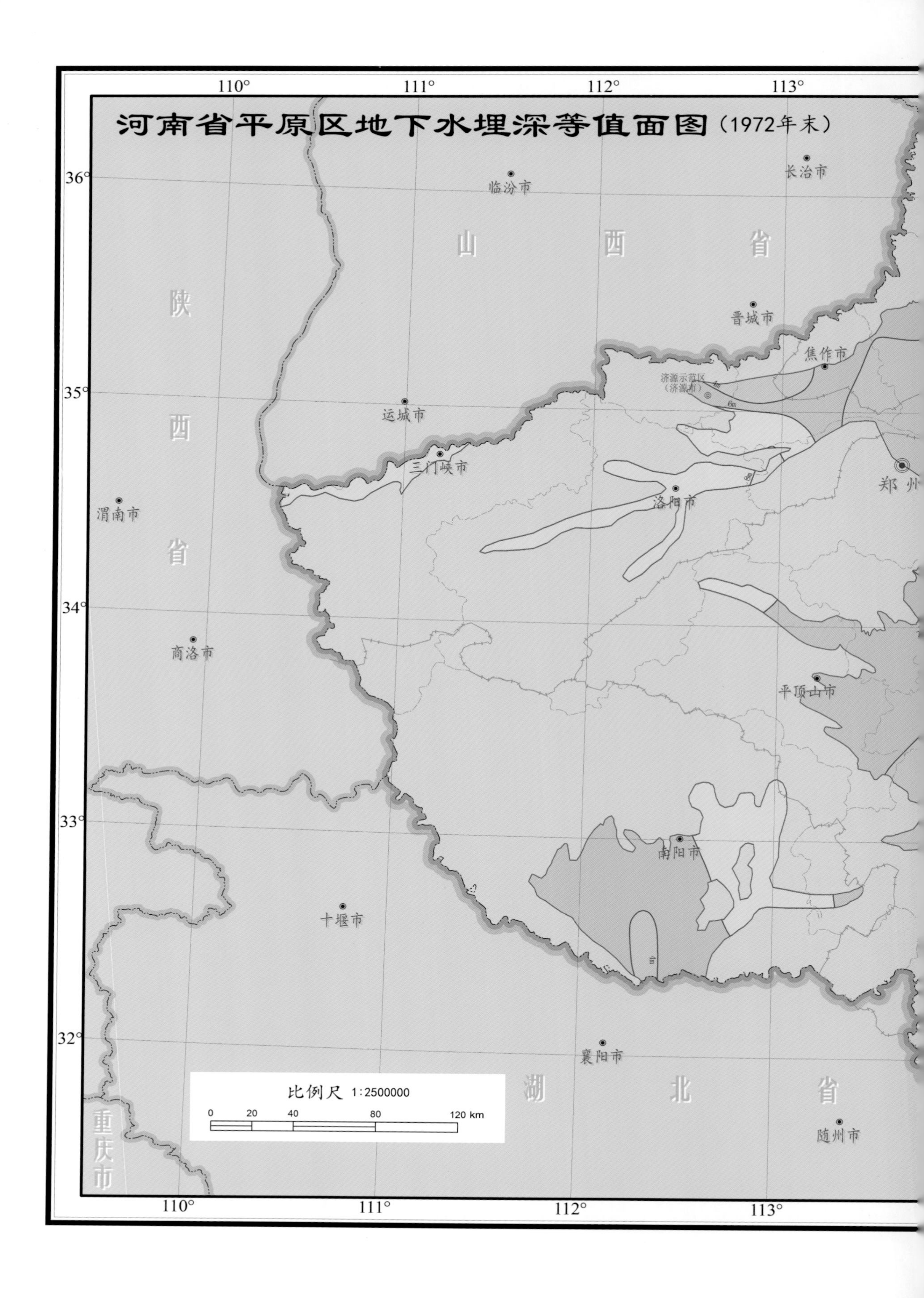

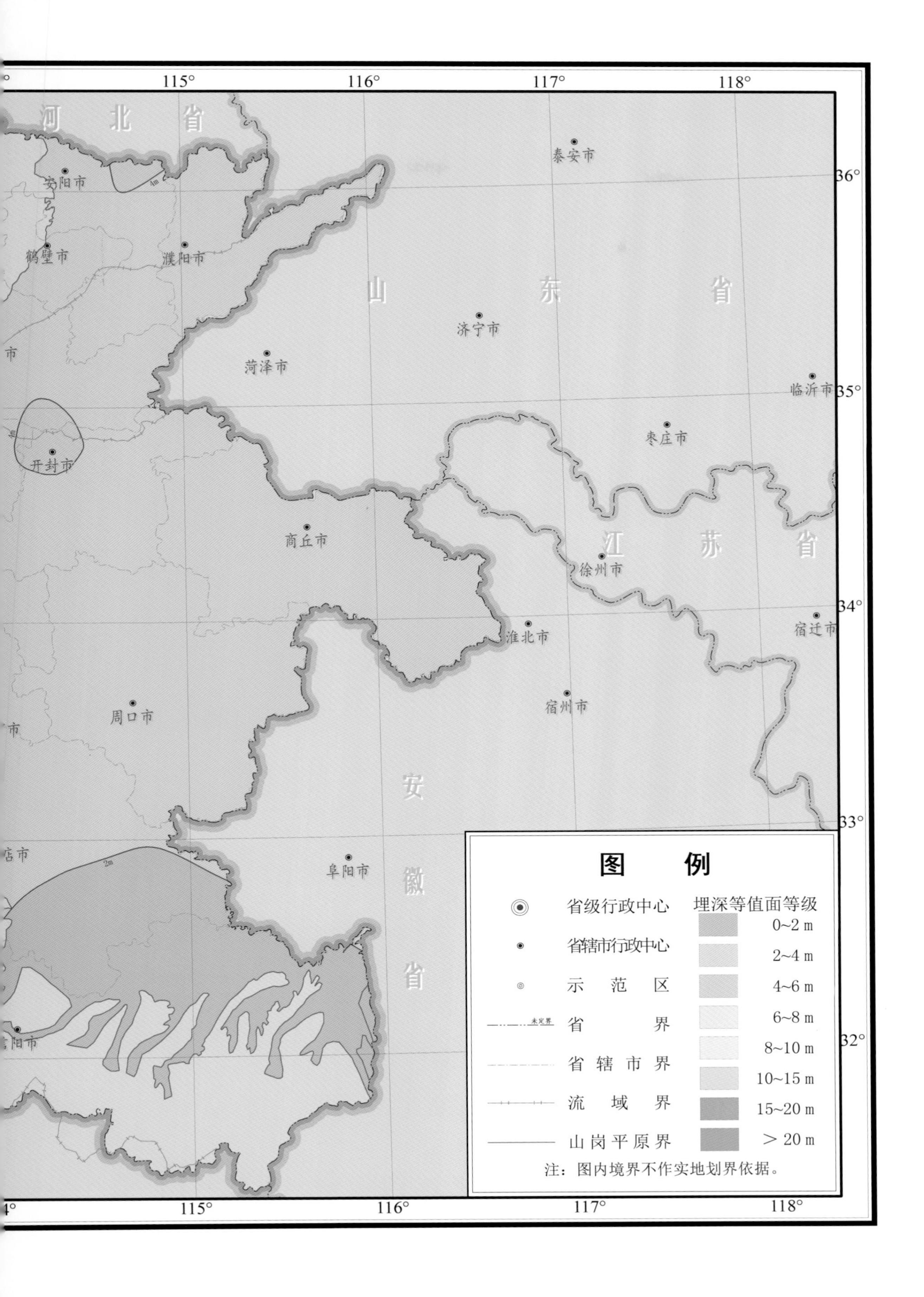

115°
116°
117°
118°
36°
35°
34°
33°
32°
河北省
山东省
江苏省
安徽省
泰安市
安阳市
鹤壁市
濮阳市
济宁市
菏泽市
临沂市
枣庄市
开封市
商丘市
徐州市
淮北市
宿迁市
宿州市
周口市
阜阳市
4m
2m
图例
省级行政中心
省辖市行政中心
示范区
省界
未定界
省辖市界
流域界
山岗平原界
埋深等值面等级
0~2 m
2~4 m
4~6 m
6~8 m
8~10 m
10~15 m
15~20 m
＞20 m
注：图内境界不作实地划界依据。

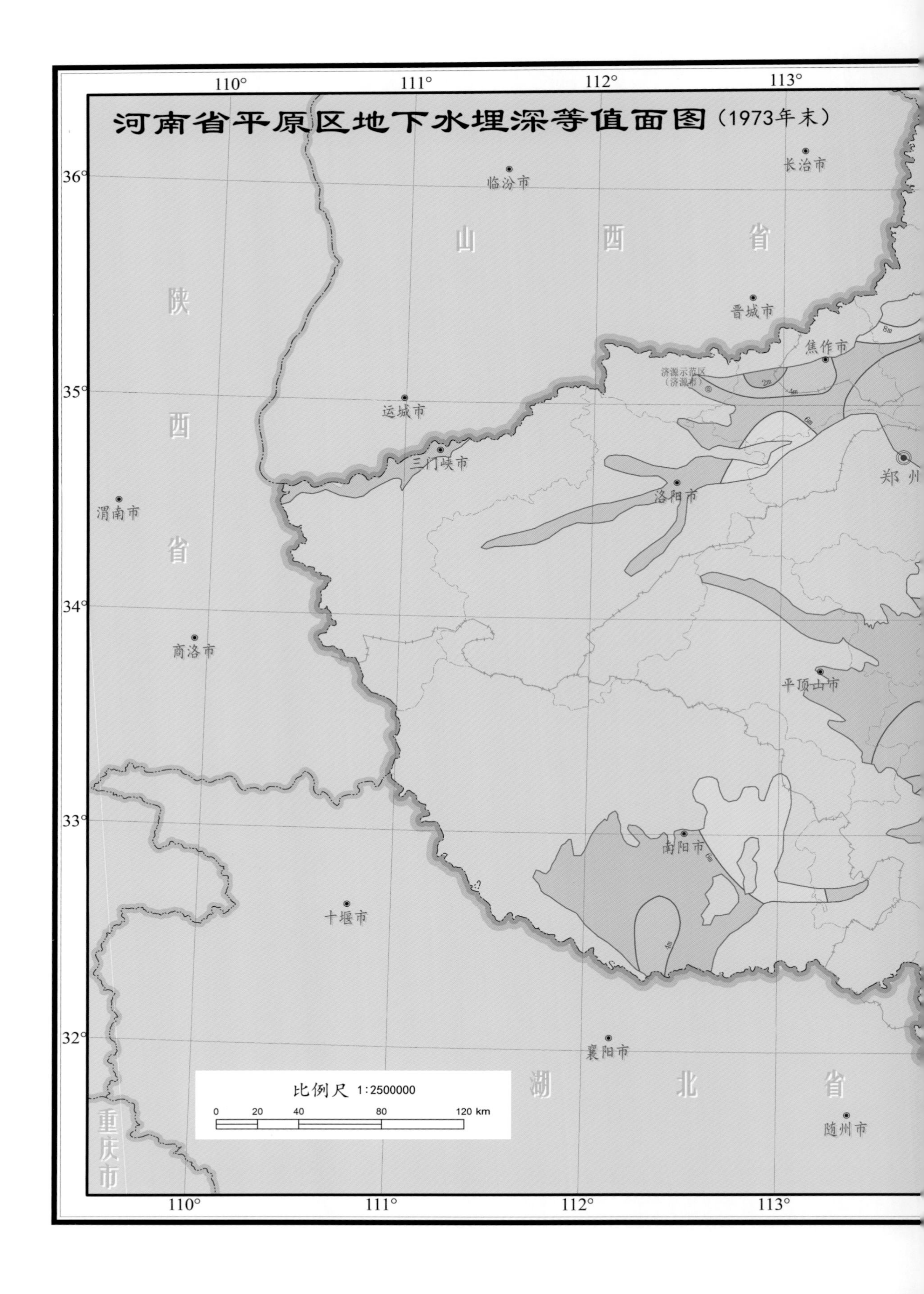

河南省平原区地下水埋深等值面图（1973年末）
110°
111°
112°
113°
36°
35°
34°
33°
32°
临汾市
长治市
山
西
省
陕
西
省
晋城市
焦作市
8m
济源示范区
（济源市）
2m
4m
6m
运城市
三门峡市
郑州
洛阳市
渭南市
商洛市
平顶山市
南阳市
6m
4m
十堰市
襄阳市
比例尺 1:2500000
0
20
40
80
120 km
湖
北
省
随州市
重庆市

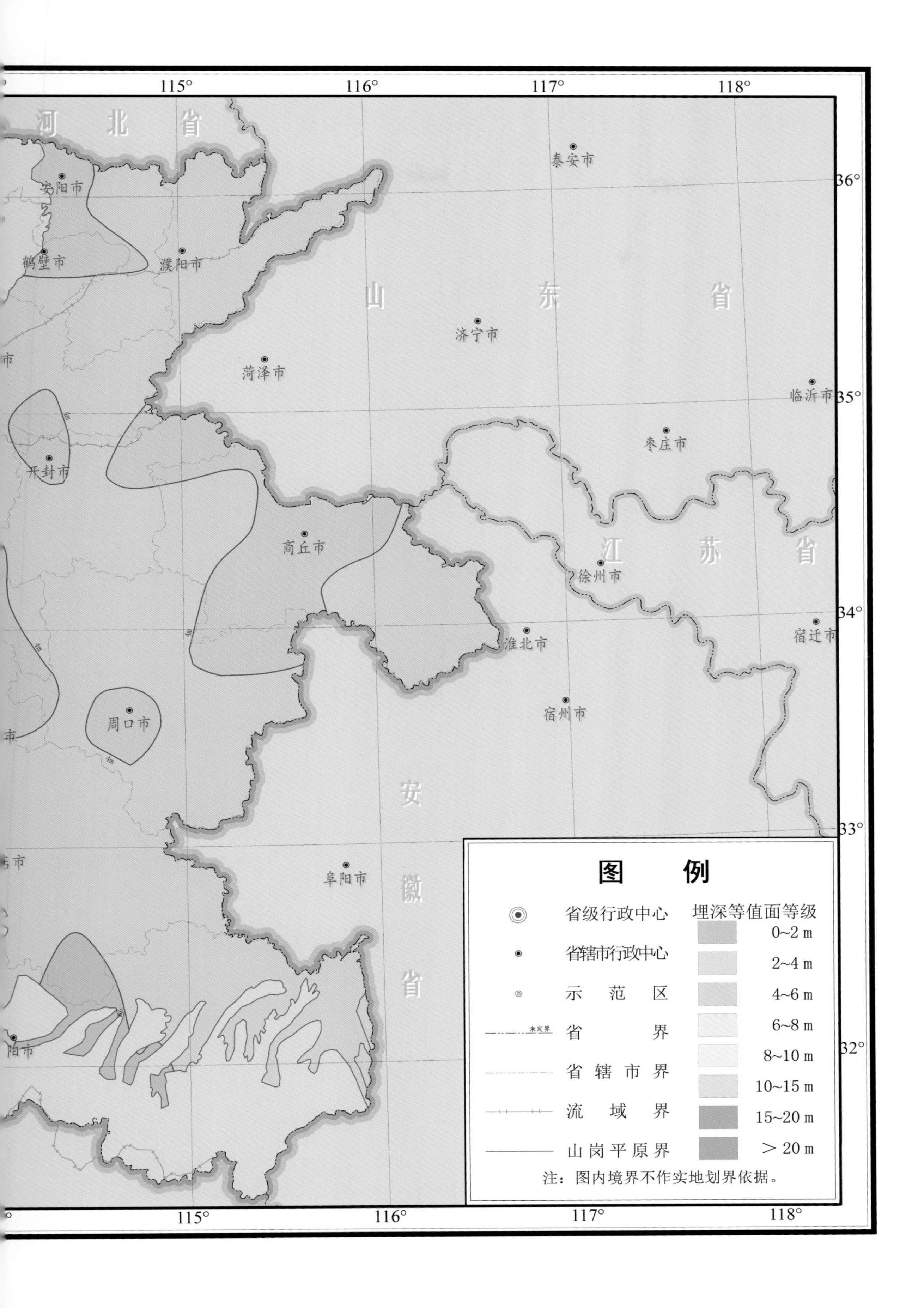

115°
116°
117°
118°
河北省
泰安市
36°
安阳市
鹤壁市
濮阳市
山东省
济宁市
菏泽市
临沂市
35°
开封市
枣庄市
商丘市
江苏省
徐州市
34°
淮北市
宿迁市
宿州市
周口市
安徽省
33°
阜阳市
32°
图例
省级行政中心
省辖市行政中心
示范区
未定界
省界
省辖市界
流域界
山岗平原界
埋深等值面等级
0~2 m
2~4 m
4~6 m
6~8 m
8~10 m
10~15 m
15~20 m
> 20 m
注：图内境界不作实地划界依据。

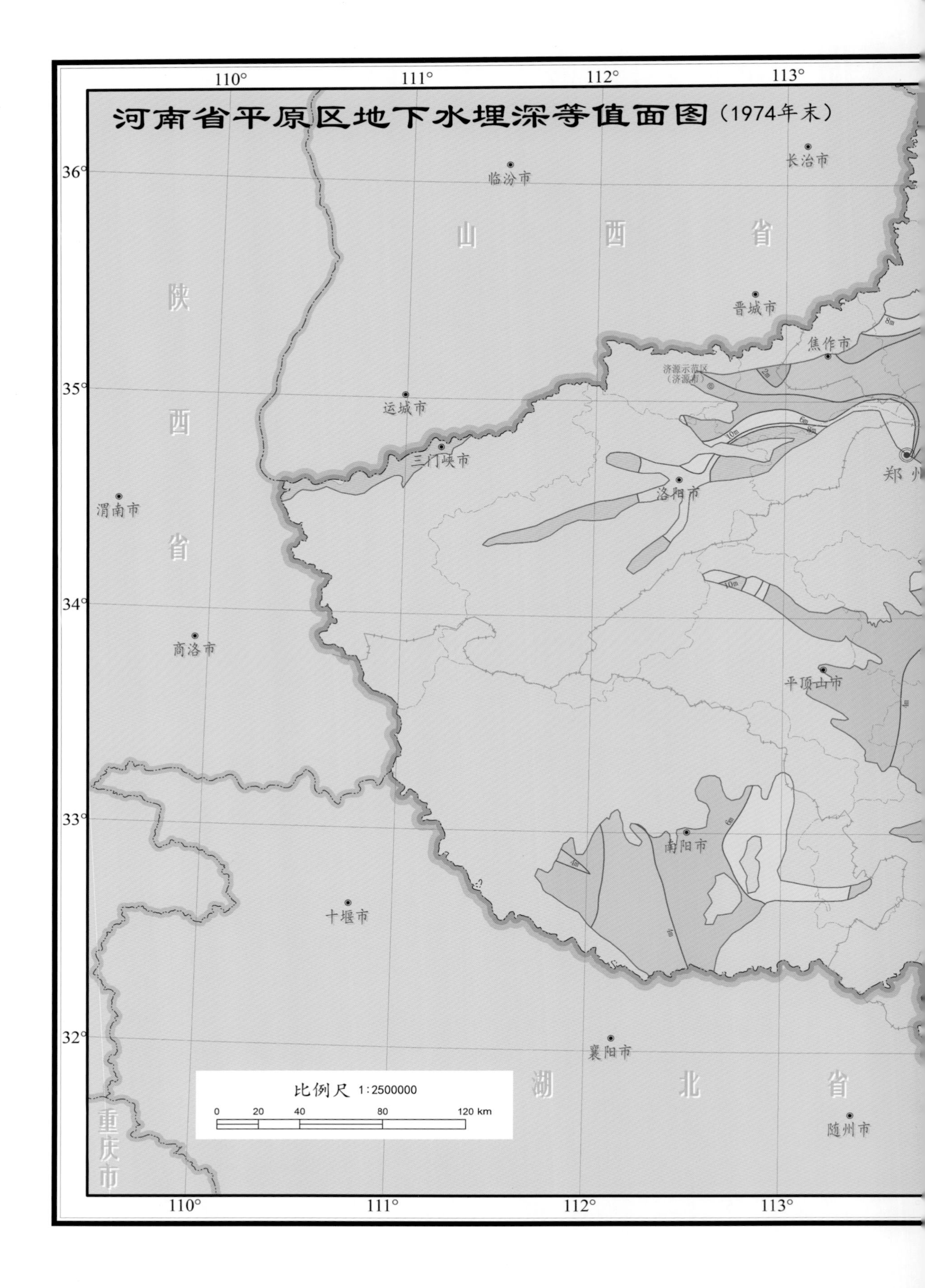

河南省平原区地下水埋深等值面图（1974年末）
110°
111°
112°
113°
36°
35°
34°
33°
32°
临汾市
长治市
山
西
省
陕
西
省
晋城市
焦作市
济源示范区
（济源市）
运城市
三门峡市
郑州
洛阳市
渭南市
商洛市
平顶山市
南阳市
十堰市
襄阳市
湖
北
省
随州市
重庆市
比例尺 1:2500000
0
20
40
80
120 km
8m
2m
6m
8m
10m
10m
4m
6m
4m
4m

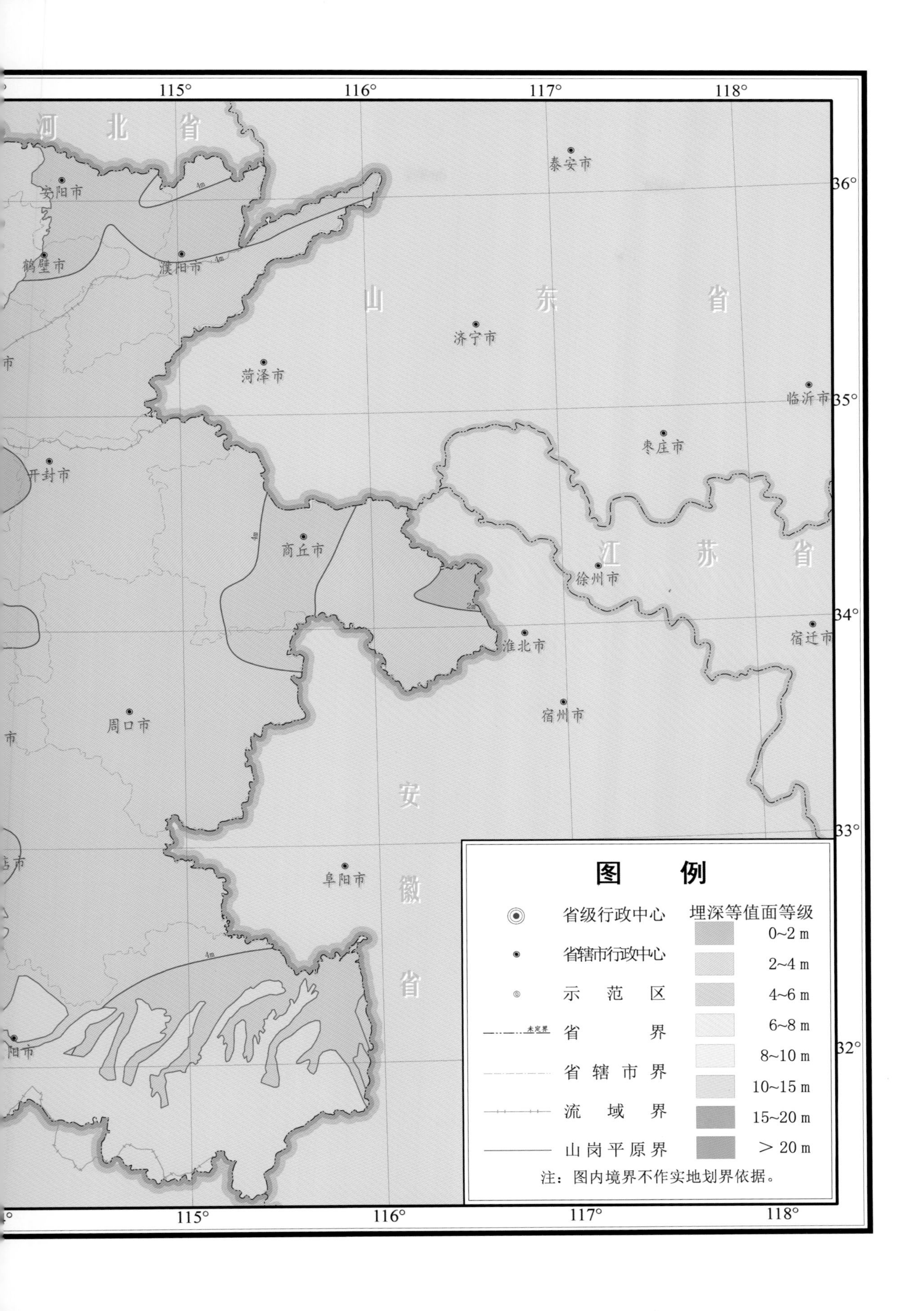

河北省
安阳市
鹤壁市
濮阳市
泰安市
山东省
济宁市
菏泽市
临沂市
枣庄市
开封市
商丘市
江苏省
徐州市
淮北市
宿迁市
周口市
宿州市
安徽省
阜阳市
图例
省级行政中心
省辖市行政中心
示范区
省界
省辖市界
流域界
山岗平原界
埋深等值面等级
0~2 m
2~4 m
4~6 m
6~8 m
8~10 m
10~15 m
15~20 m
＞20 m
注：图内境界不作实地划界依据。
115°
116°
117°
118°
36°
35°
34°
33°
32°

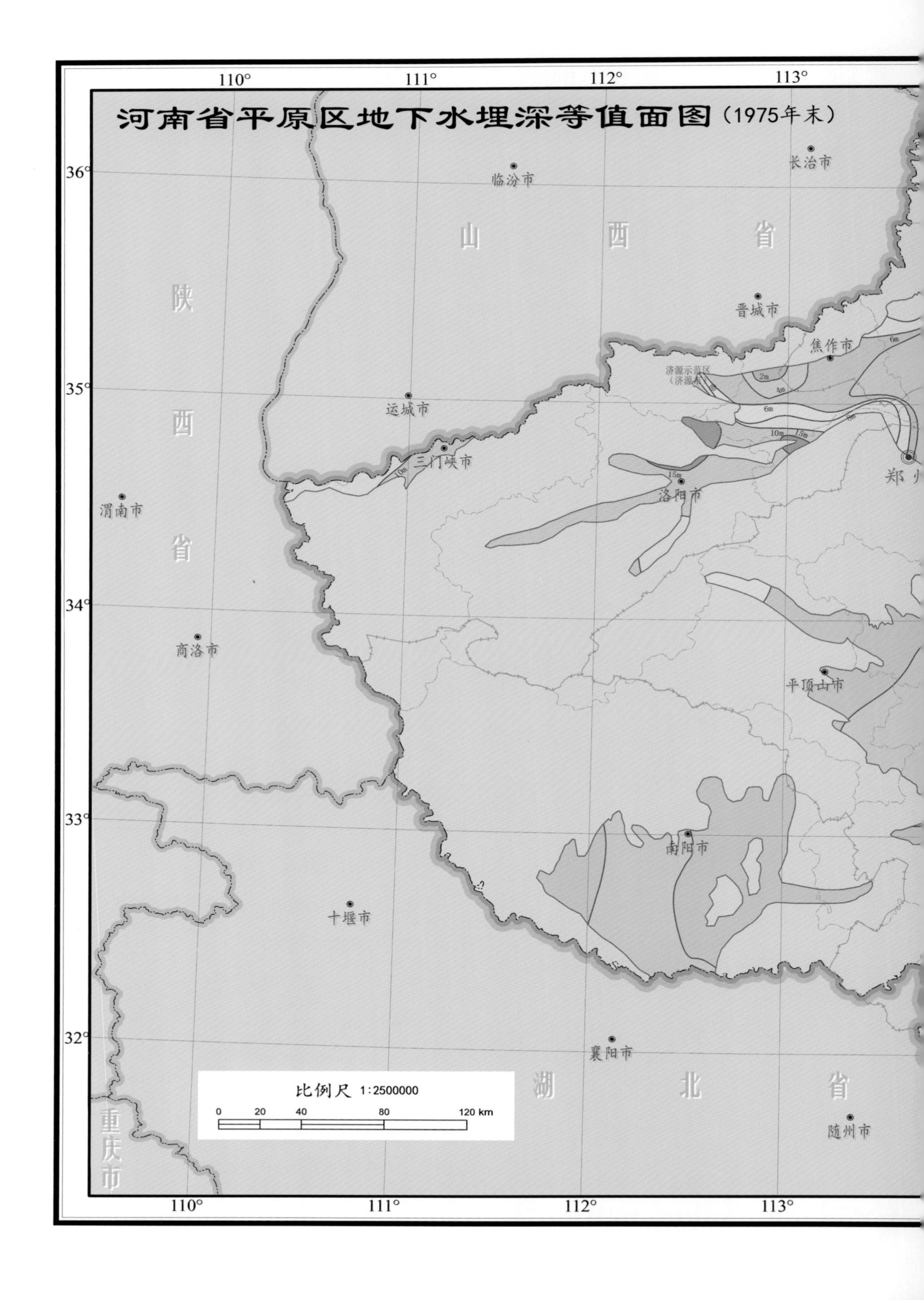
河南省平原区地下水埋深等值面图（1975年末）
110°
111°
112°
113°
36°
35°
34°
33°
32°
临汾市
长治市
山
西
省
陕
西
省
晋城市
焦作市
济源示范区
（济源市）
运城市
三门峡市
渭南市
洛阳市
郑州
商洛市
平顶山市
南阳市
十堰市
襄阳市
湖
北
省
随州市
重庆市
比例尺 1:2500000
0
20
40
80
120 km

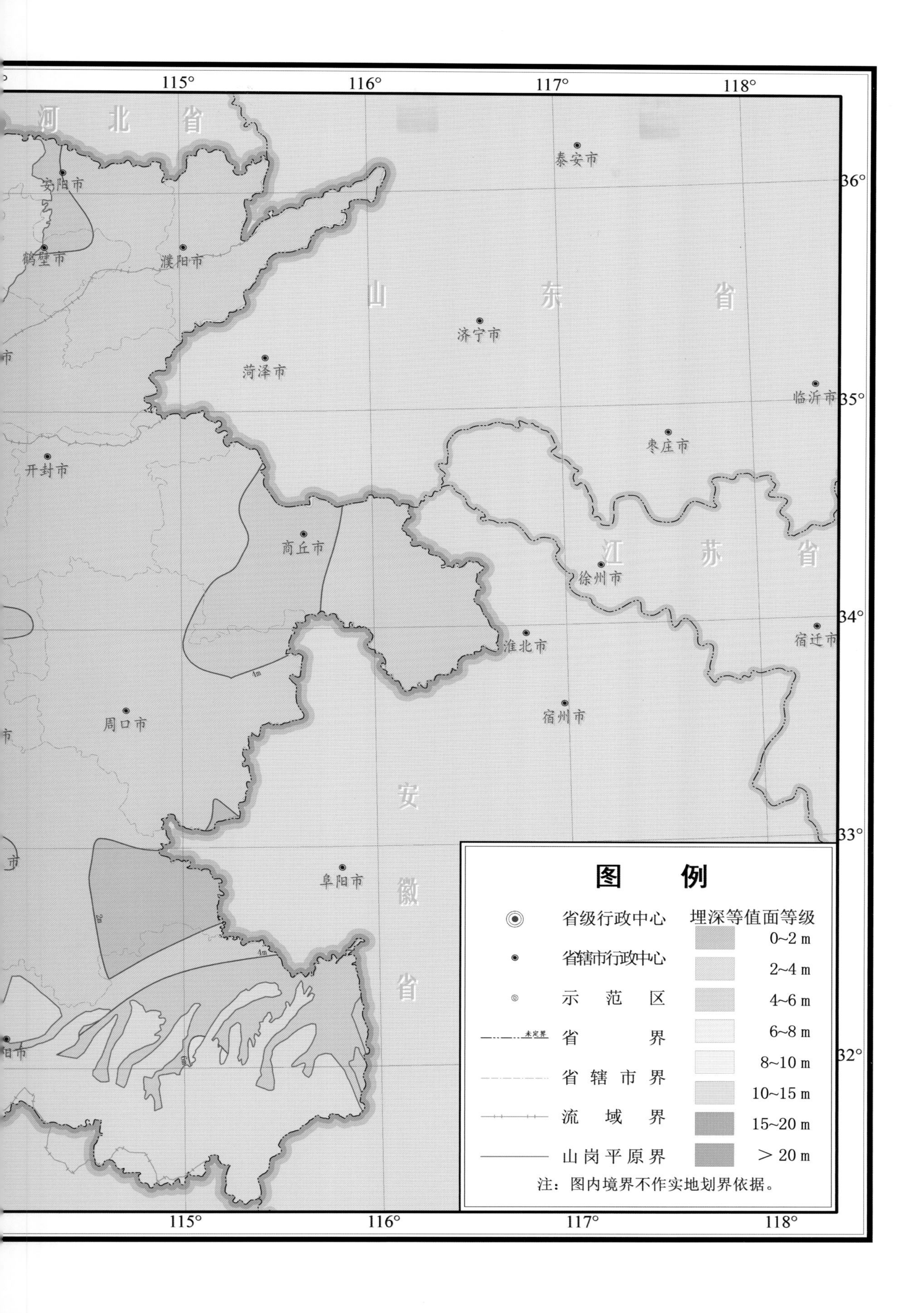

115°
116°
117°
118°
河 北 省
泰安市
安阳市
36°
鹤壁市
濮阳市
山 东 省
济宁市
菏泽市
临沂市
35°
枣庄市
开封市
商丘市
江 苏 省
徐州市
34°
淮北市
宿迁市
4m
周口市
宿州市
安
33°
阜阳市
徽
2m
4m
省
32°
图 例
省级行政中心
省辖市行政中心
示 范 区
未定界
省 界
省 辖 市 界
流 域 界
山 岗 平 原 界
埋深等值面等级
0~2 m
2~4 m
4~6 m
6~8 m
8~10 m
10~15 m
15~20 m
＞20 m
注：图内境界不作实地划界依据。

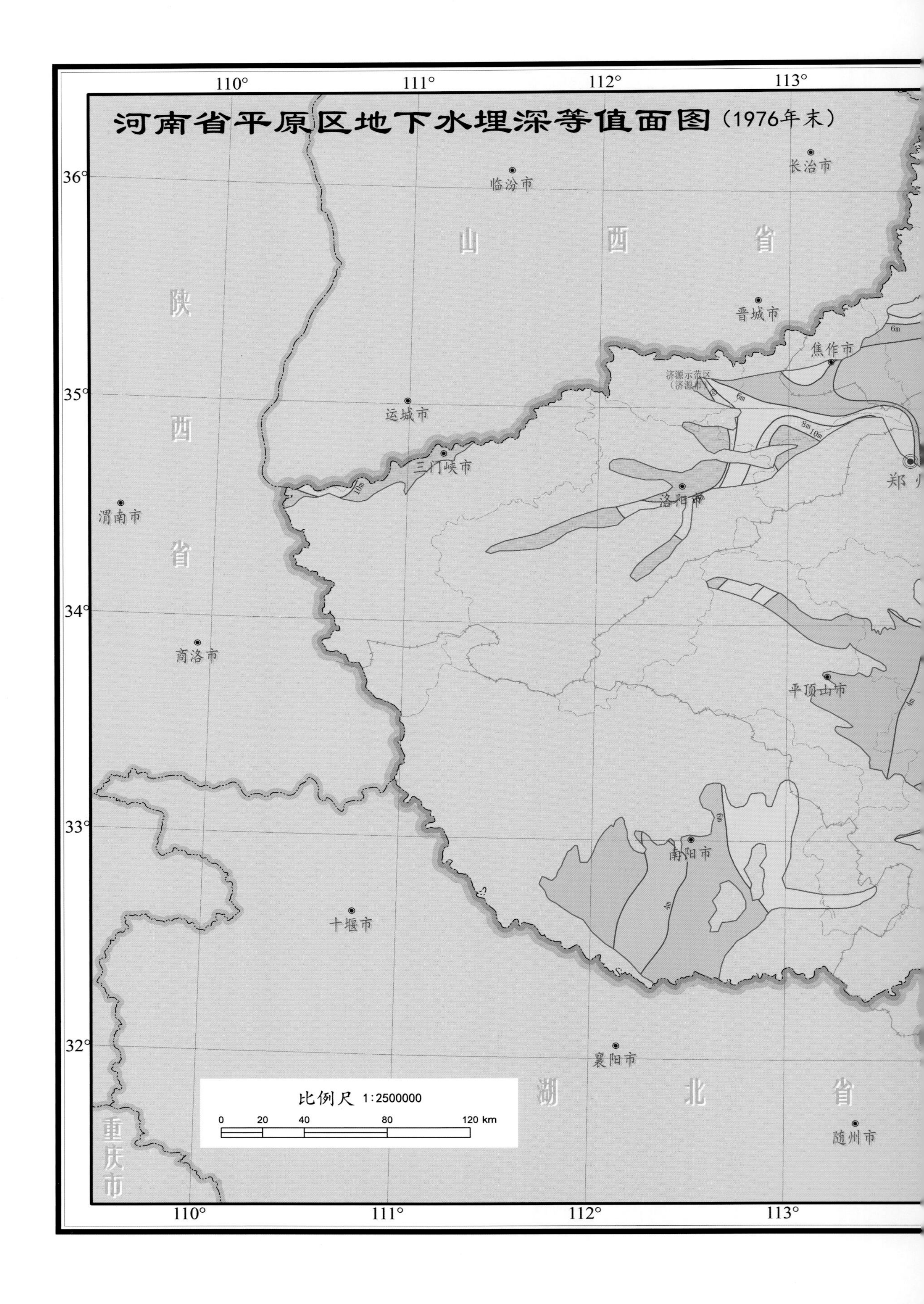

河南省平原区地下水埋深等值面图（1976年末）
110°
111°
112°
113°
36°
35°
34°
33°
32°
临汾市
长治市
山
西
省
陕
西
省
晋城市
焦作市
济源示范区
（济源市）
运城市
三门峡市
渭南市
洛阳市
郑
商洛市
平顶山市
南阳市
十堰市
襄阳市
湖
北
省
随州市
重
庆
市
6m
8m
10m
4m
比例尺 1:2500000
0
20
40
80
120 km

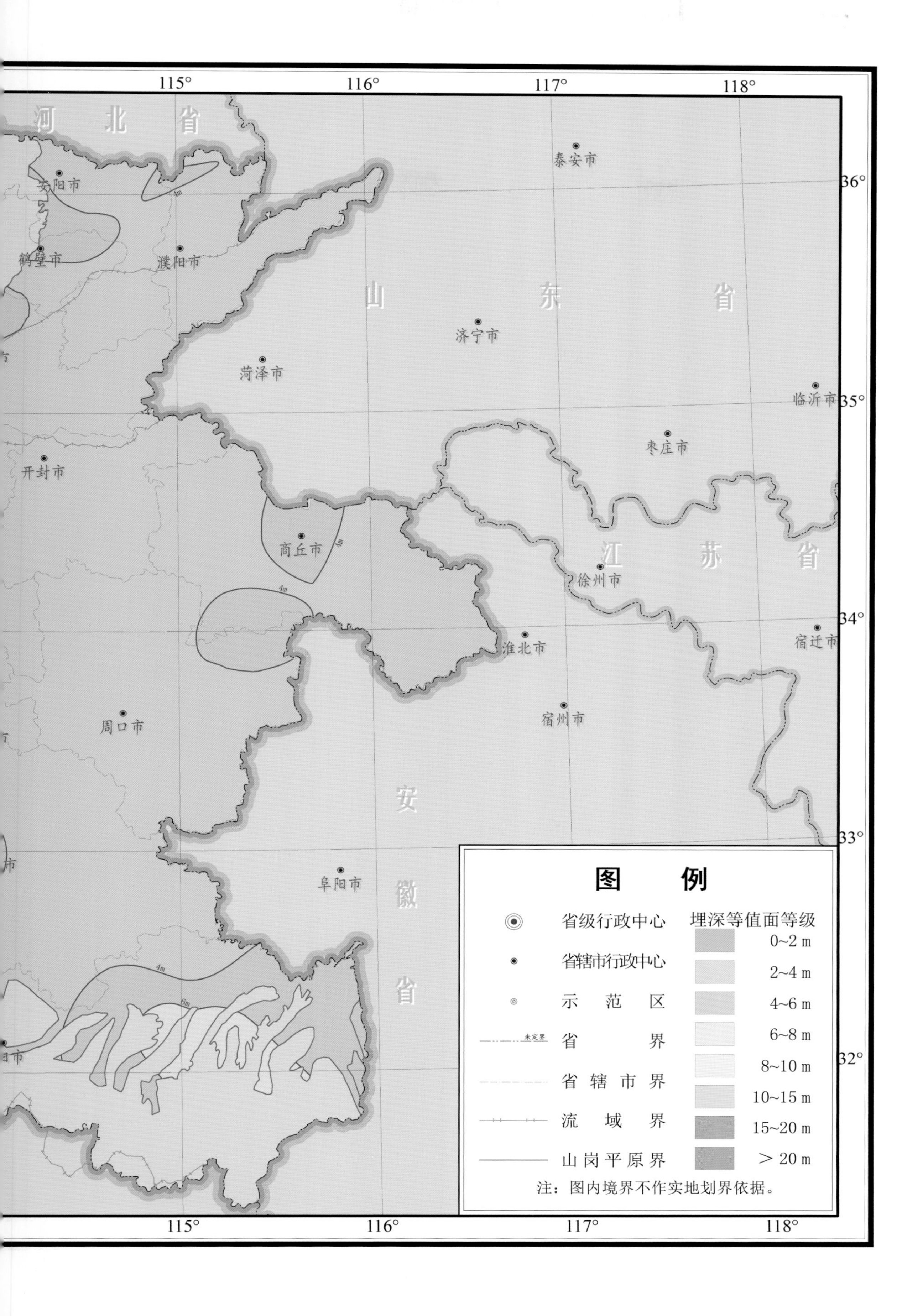

河北省
山东省
江苏省
安徽省
泰安市
安阳市
鹤壁市
濮阳市
济宁市
菏泽市
临沂市
枣庄市
开封市
商丘市
徐州市
淮北市
宿迁市
宿州市
周口市
阜阳市
4m
6m
115°
116°
117°
118°
36°
35°
34°
33°
32°
图例
省级行政中心
省辖市行政中心
示范区
省界
未定界
省辖市界
流域界
山岗平原界
埋深等值面等级
0~2 m
2~4 m
4~6 m
6~8 m
8~10 m
10~15 m
15~20 m
＞20 m
注：图内境界不作实地划界依据。

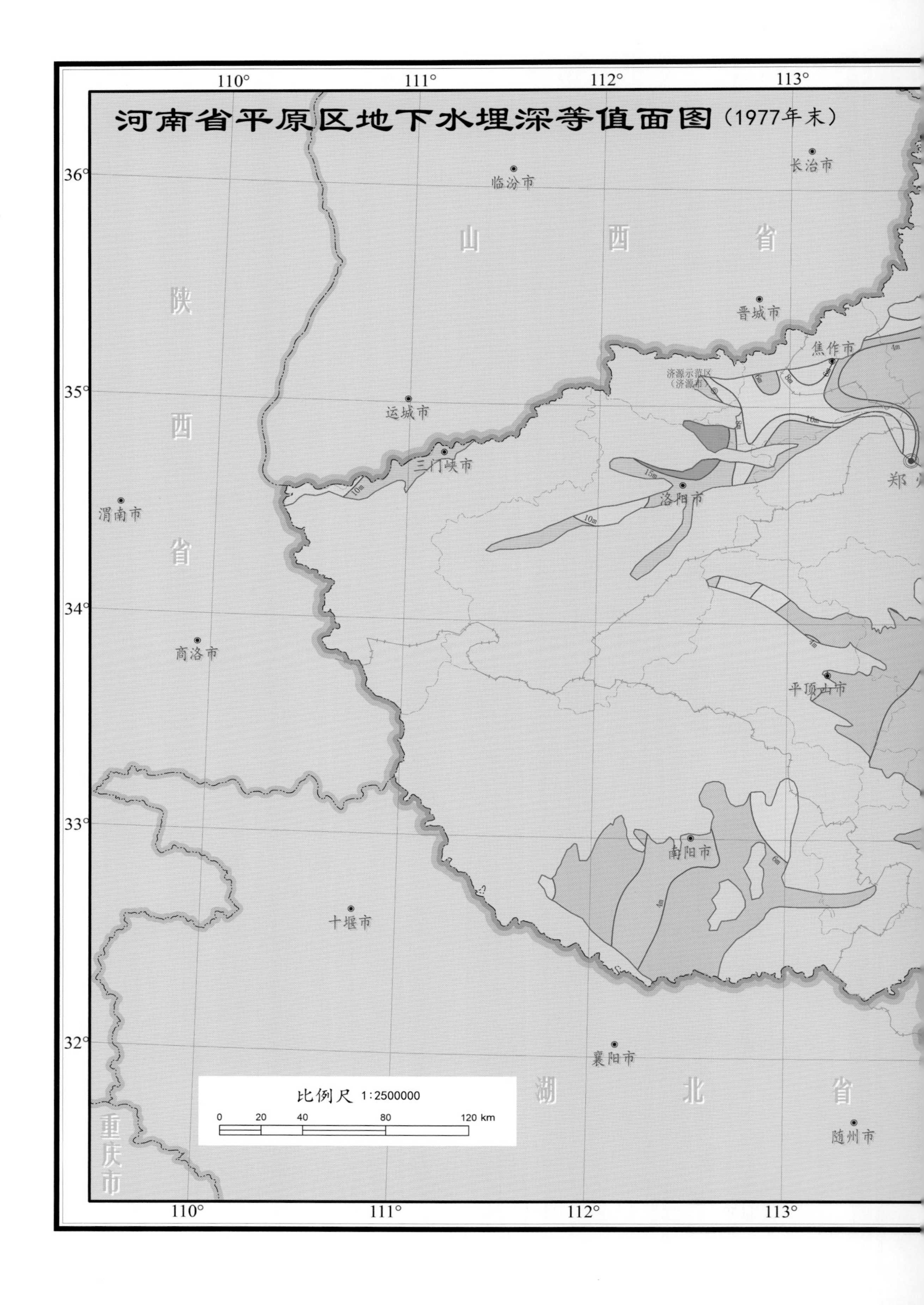

河南省平原区地下水埋深等值面图（1977年末）
110°
111°
112°
113°
36°
35°
34°
33°
32°
临汾市
长治市
山 西 省
陕 西 省
晋城市
焦作市
济源示范区（济源市）
运城市
三门峡市
洛阳市
郑
渭南市
商洛市
平顶山市
南阳市
十堰市
襄阳市
湖 北 省
随州市
重庆市
比例尺 1:2500000
0 20 40 80 120 km

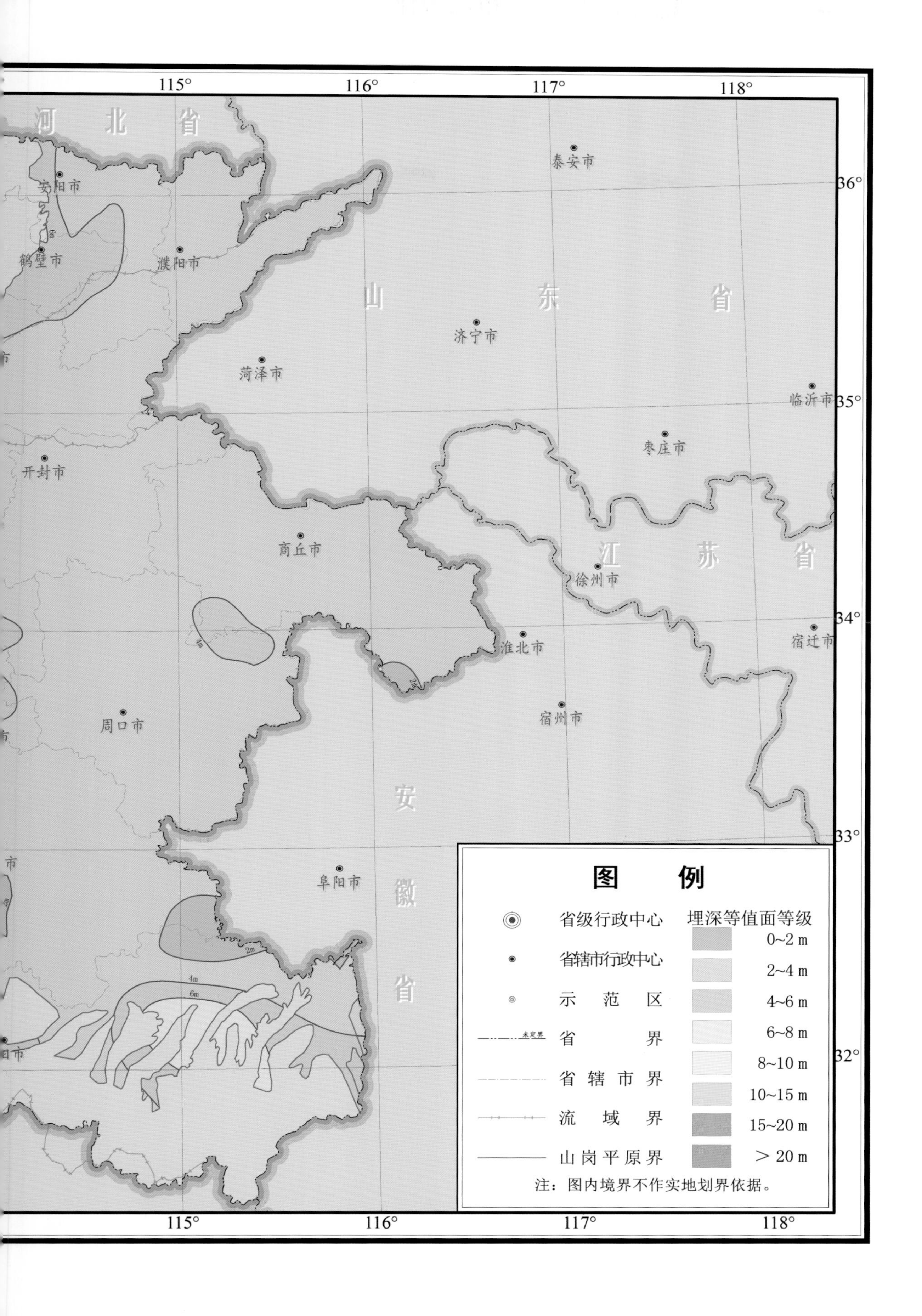

河北省
山东省
江苏省
安徽省
泰安市
安阳市
鹤壁市
濮阳市
济宁市
菏泽市
临沂市
枣庄市
开封市
商丘市
徐州市
淮北市
宿迁市
周口市
宿州市
阜阳市
115°
116°
117°
118°
36°
35°
34°
33°
32°
2m
4m
6m
图例
省级行政中心
省辖市行政中心
示范区
省界
未定界
省辖市界
流域界
山岗平原界
埋深等值面等级
0~2 m
2~4 m
4~6 m
6~8 m
8~10 m
10~15 m
15~20 m
＞20 m
注：图内境界不作实地划界依据。

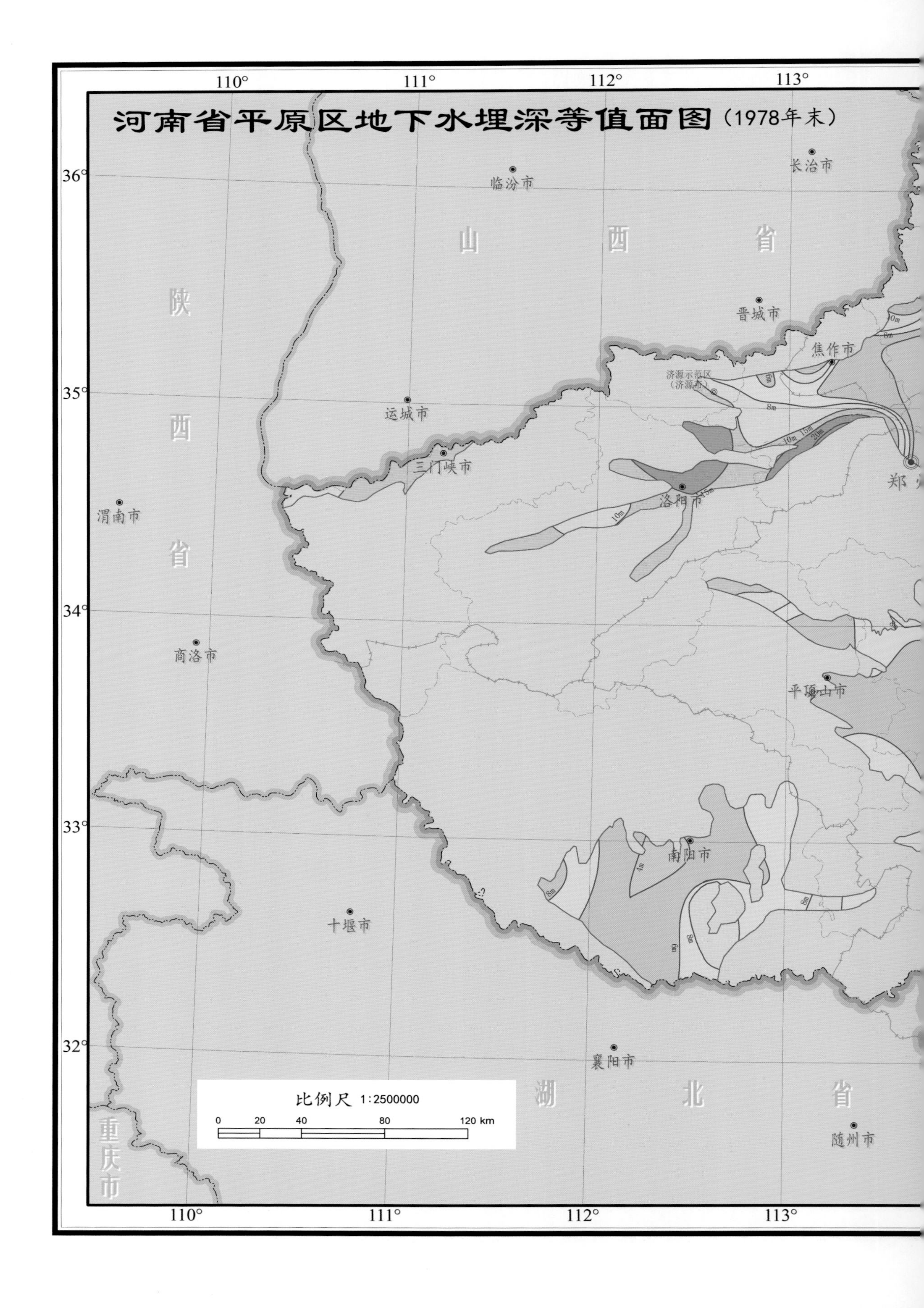

河南省平原区地下水埋深等值面图（1978年末）
110°
111°
112°
113°
36°
35°
34°
33°
32°
临汾市
长治市
山
西
省
陕
西
省
晋城市
焦作市
济源示范区
（济源市）
运城市
三门峡市
郑
洛阳市
渭南市
商洛市
平顶山市
南阳市
十堰市
襄阳市
湖
北
省
随州市
重庆市
比例尺 1:2500000
0
20
40
80
120 km

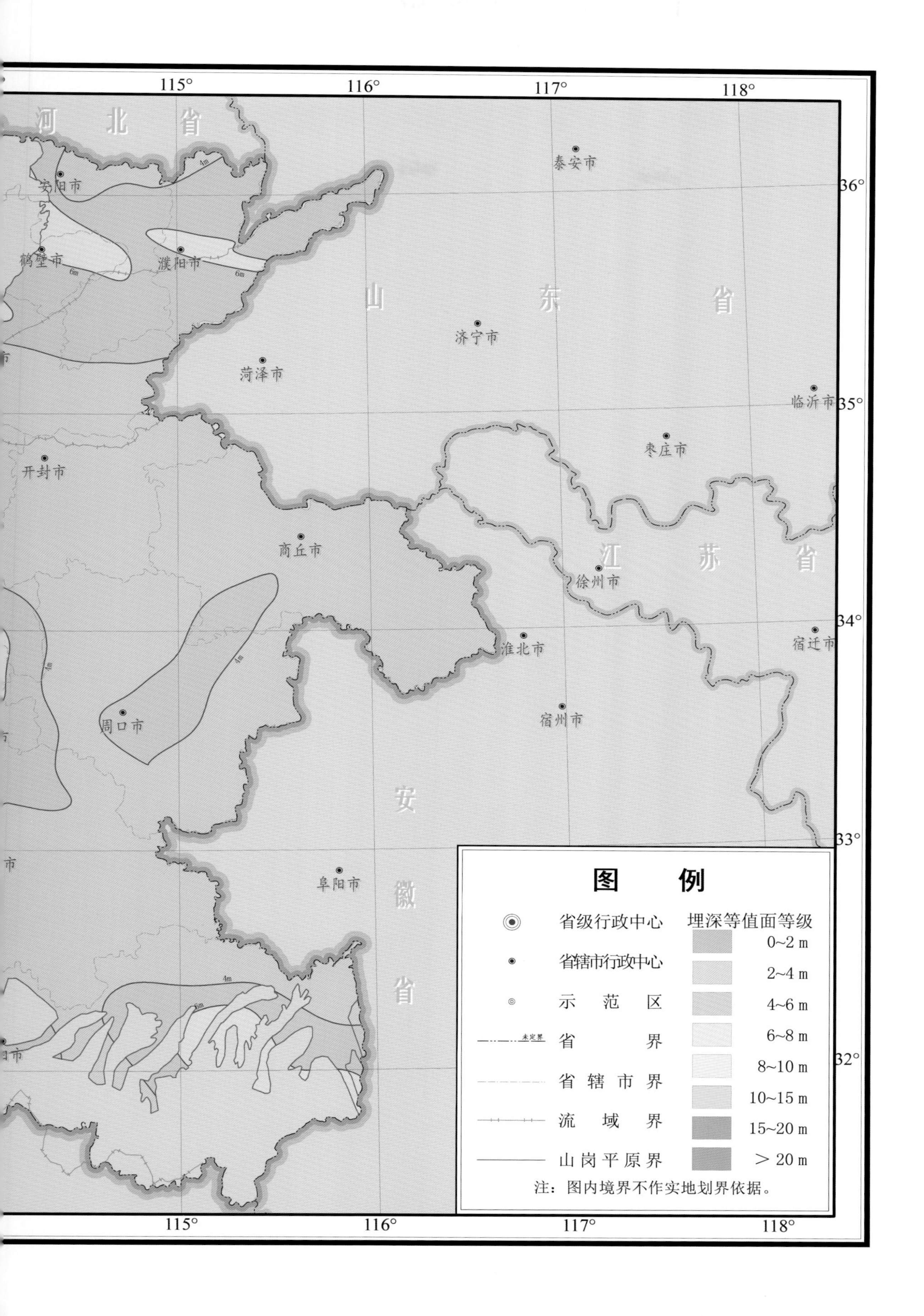
115°
116°
117°
118°
36°
35°
34°
33°
32°
河北省
山东省
江苏省
安徽省
泰安市
安阳市
鹤壁市
濮阳市
济宁市
菏泽市
临沂市
枣庄市
开封市
商丘市
徐州市
淮北市
宿迁市
周口市
宿州市
阜阳市
4m
6m
图例
省级行政中心
省辖市行政中心
示范区
省界
未定界
省辖市界
流域界
山岗平原界
埋深等值面等级
0~2 m
2~4 m
4~6 m
6~8 m
8~10 m
10~15 m
15~20 m
＞20 m
注：图内境界不作实地划界依据。

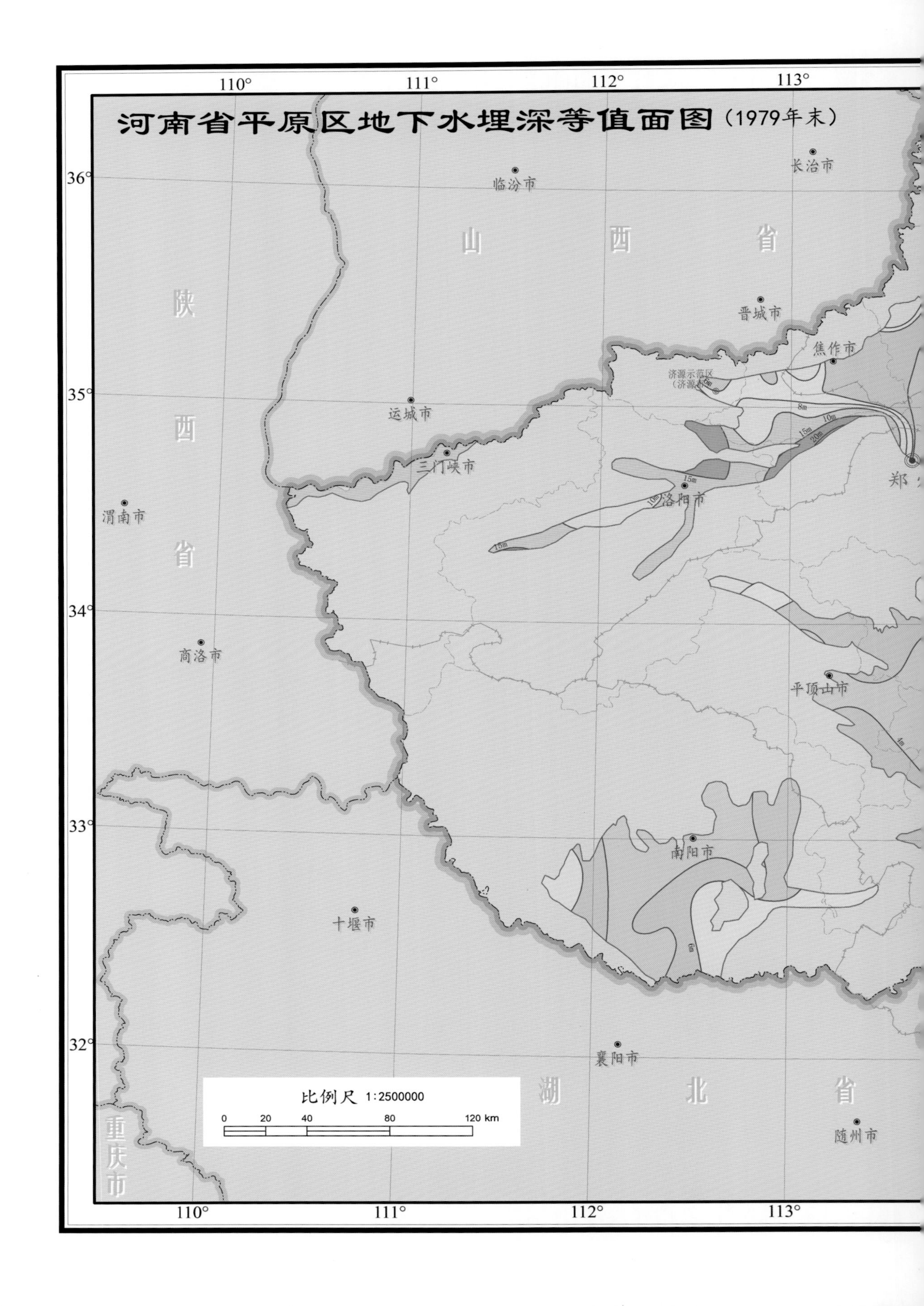

河南省平原区地下水埋深等值面图（1979年末）
110°
111°
112°
113°
36°
35°
34°
33°
32°
临汾市
长治市
山
西
省
陕
西
省
晋城市
焦作市
济源示范区
运城市
三门峡市
洛阳市
渭南市
商洛市
平顶山市
南阳市
十堰市
襄阳市
湖
北
省
随州市
重
庆
市
8m
10m
15m
20m
15m
10m
15m
4m
6m
比例尺 1:2500000
0
20
40
80
120 km

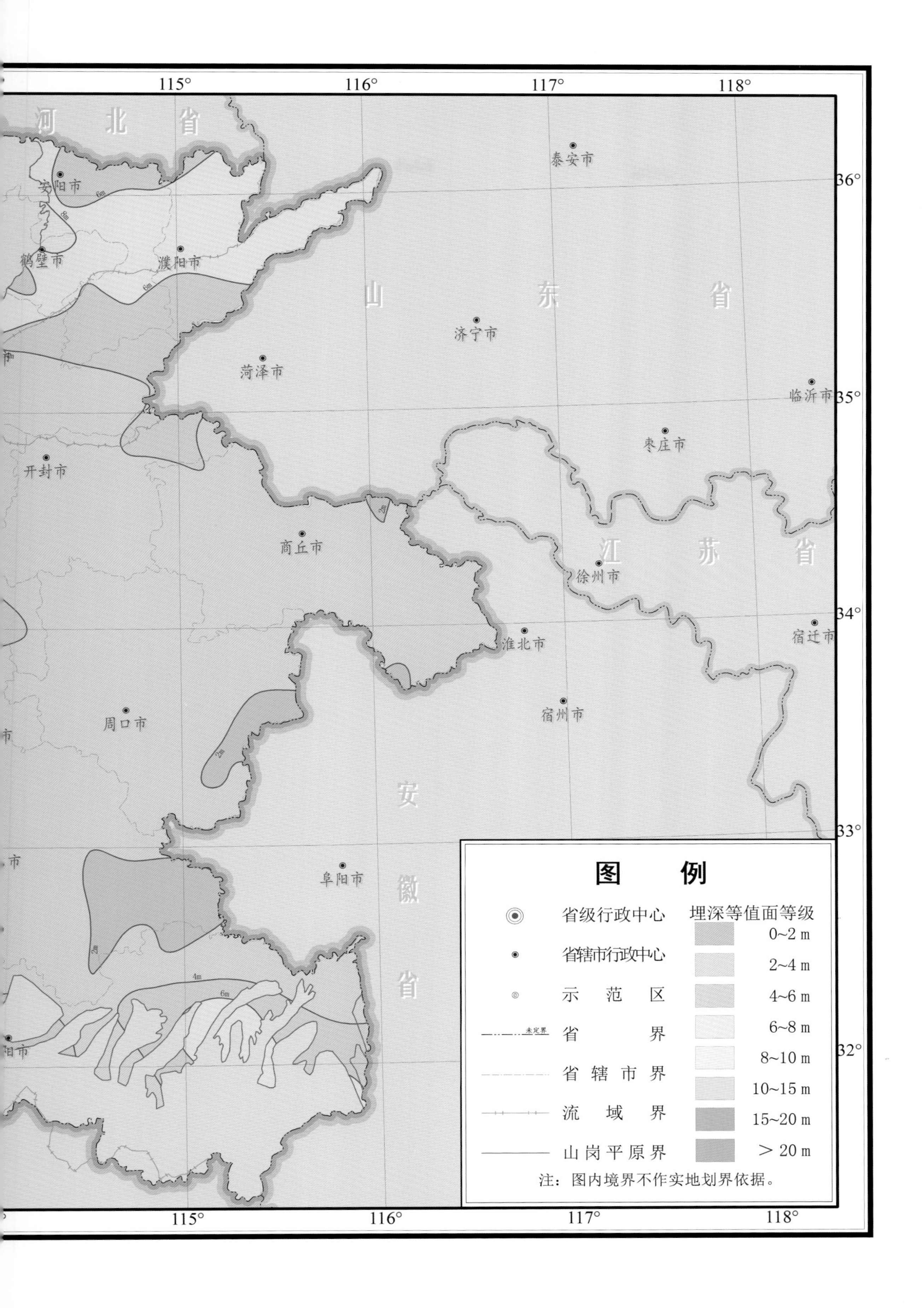

河北省
山东省
江苏省
安徽省
泰安市
安阳市
鹤壁市
濮阳市
济宁市
菏泽市
临沂市
枣庄市
开封市
商丘市
徐州市
淮北市
宿迁市
宿州市
周口市
阜阳市
115°
116°
117°
118°
36°
35°
34°
33°
32°
6m
8m
2m
4m
图　例
省级行政中心
省辖市行政中心
示　范　区
省　界
未定界
省辖市界
流域界
山岗平原界
埋深等值面等级
0~2 m
2~4 m
4~6 m
6~8 m
8~10 m
10~15 m
15~20 m
> 20 m
注：图内境界不作实地划界依据。

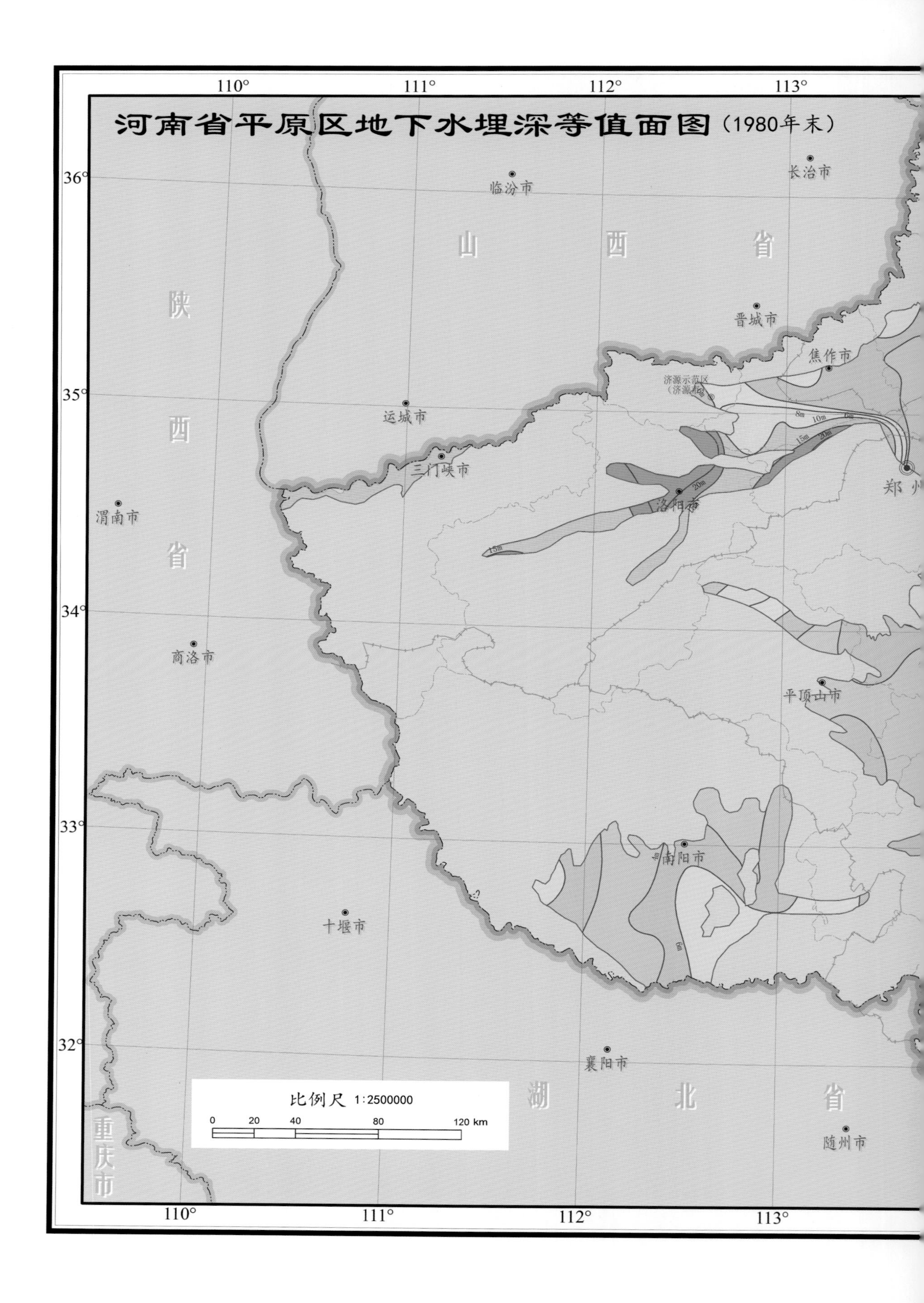

河南省平原区地下水埋深等值面图（1980年末）
110°
111°
112°
113°
36°
35°
34°
33°
32°
临汾市
长治市
山
西
省
陕
西
省
晋城市
焦作市
济源示范区
（济源市）
运城市
三门峡市
郑州
渭南市
洛阳市
商洛市
平顶山市
南阳市
十堰市
襄阳市
湖
北
省
随州市
重庆市
比例尺 1:2500000
0
20
40
80
120 km

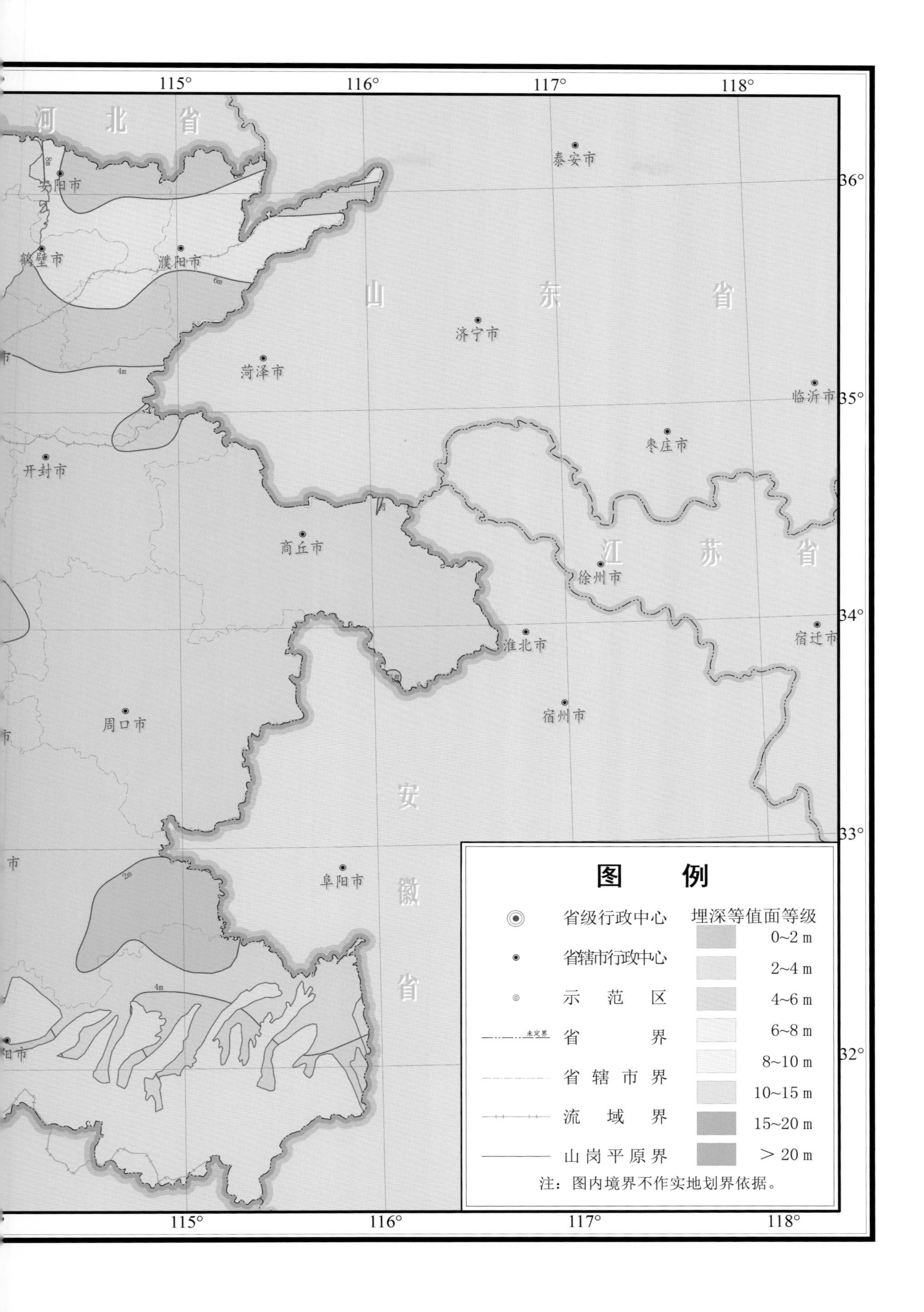

115°
116°
117°
118°
36°
35°
34°
33°
32°
河 北 省
安阳市
鹤壁市
濮阳市
泰安市
山 东 省
济宁市
菏泽市
临沂市
枣庄市
开封市
商丘市
江 苏 省
徐州市
淮北市
宿迁市
宿州市
周口市
安 徽 省
阜阳市
图 例
省级行政中心
省辖市行政中心
示 范 区
未定界
省 界
省 辖 市 界
流 域 界
山岗平原界
埋深等值面等级
0~2 m
2~4 m
4~6 m
6~8 m
8~10 m
10~15 m
15~20 m
＞20 m
注：图内境界不作实地划界依据。

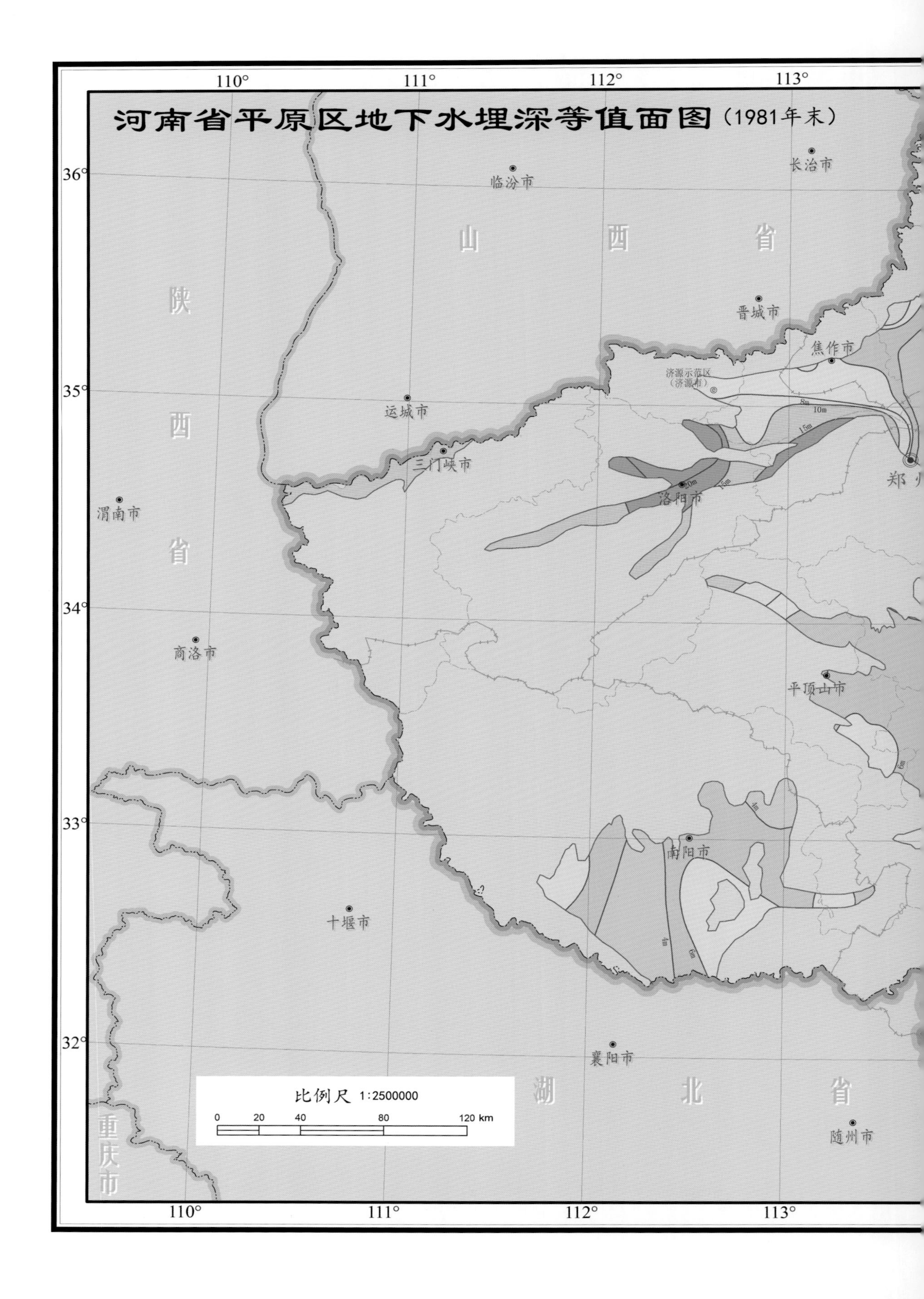

河南省平原区地下水埋深等值面图（1981年末）
110°
111°
112°
113°
36°
35°
34°
33°
32°
山
西
省
陕
西
省
临汾市
长治市
晋城市
焦作市
济源示范区
（济源市）
运城市
三门峡市
渭南市
洛阳市
郑州
商洛市
平顶山市
南阳市
十堰市
襄阳市
随州市
湖
北
省
重庆市
8m
10m
15m
比例尺 1:2500000
0
20
40
80
120 km

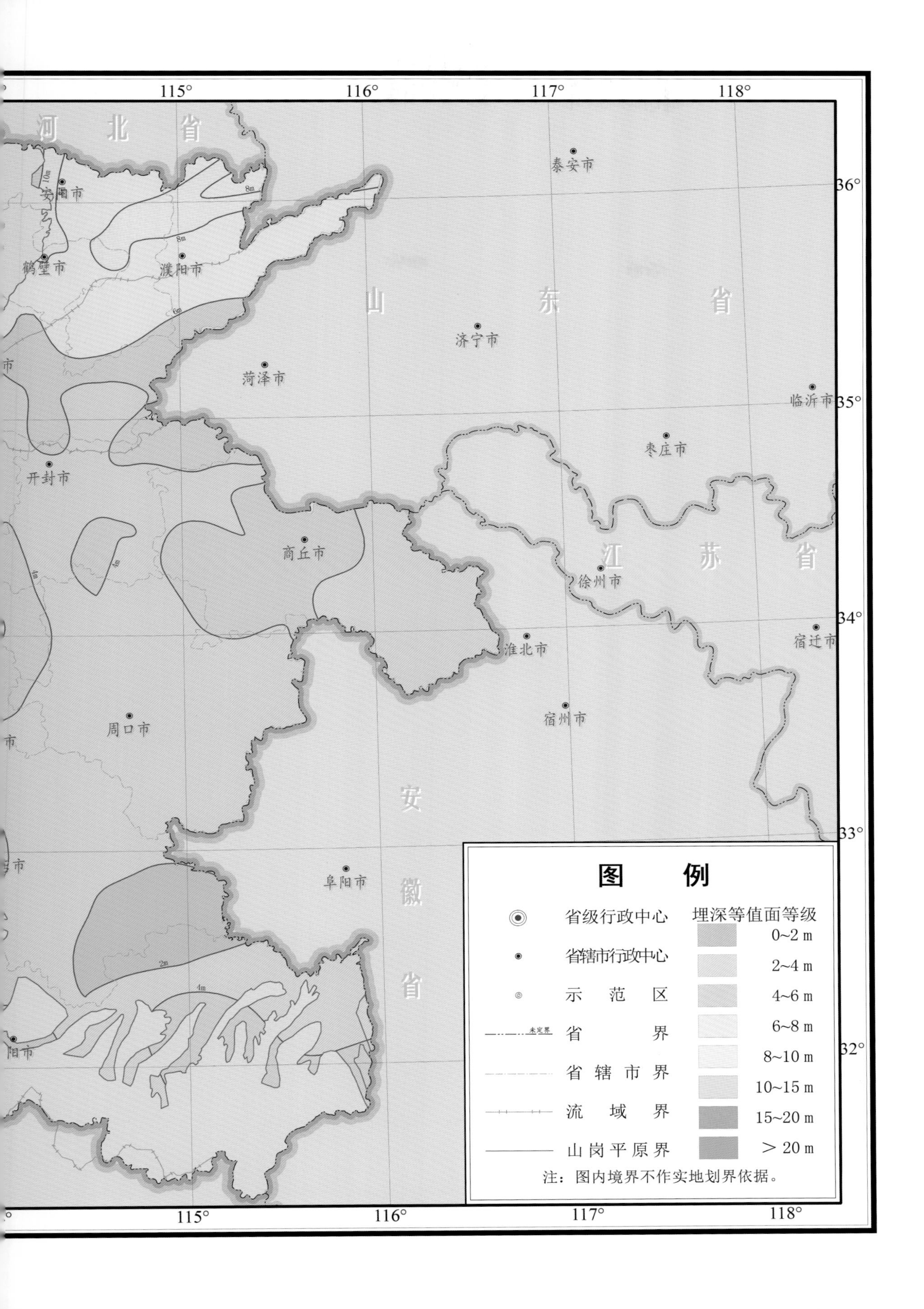

115°
116°
117°
118°
36°
35°
34°
33°
32°
河北省
山东省
江苏省
安徽省
泰安市
安阳市
鹤壁市
濮阳市
济宁市
菏泽市
临沂市
枣庄市
开封市
商丘市
徐州市
淮北市
宿迁市
周口市
宿州市
阜阳市
10m
8m
6m
4m
2m
图例
省级行政中心
省辖市行政中心
示范区
省界
未定界
省辖市界
流域界
山岗平原界
埋深等值面等级
0~2 m
2~4 m
4~6 m
6~8 m
8~10 m
10~15 m
15~20 m
> 20 m
注：图内境界不作实地划界依据。

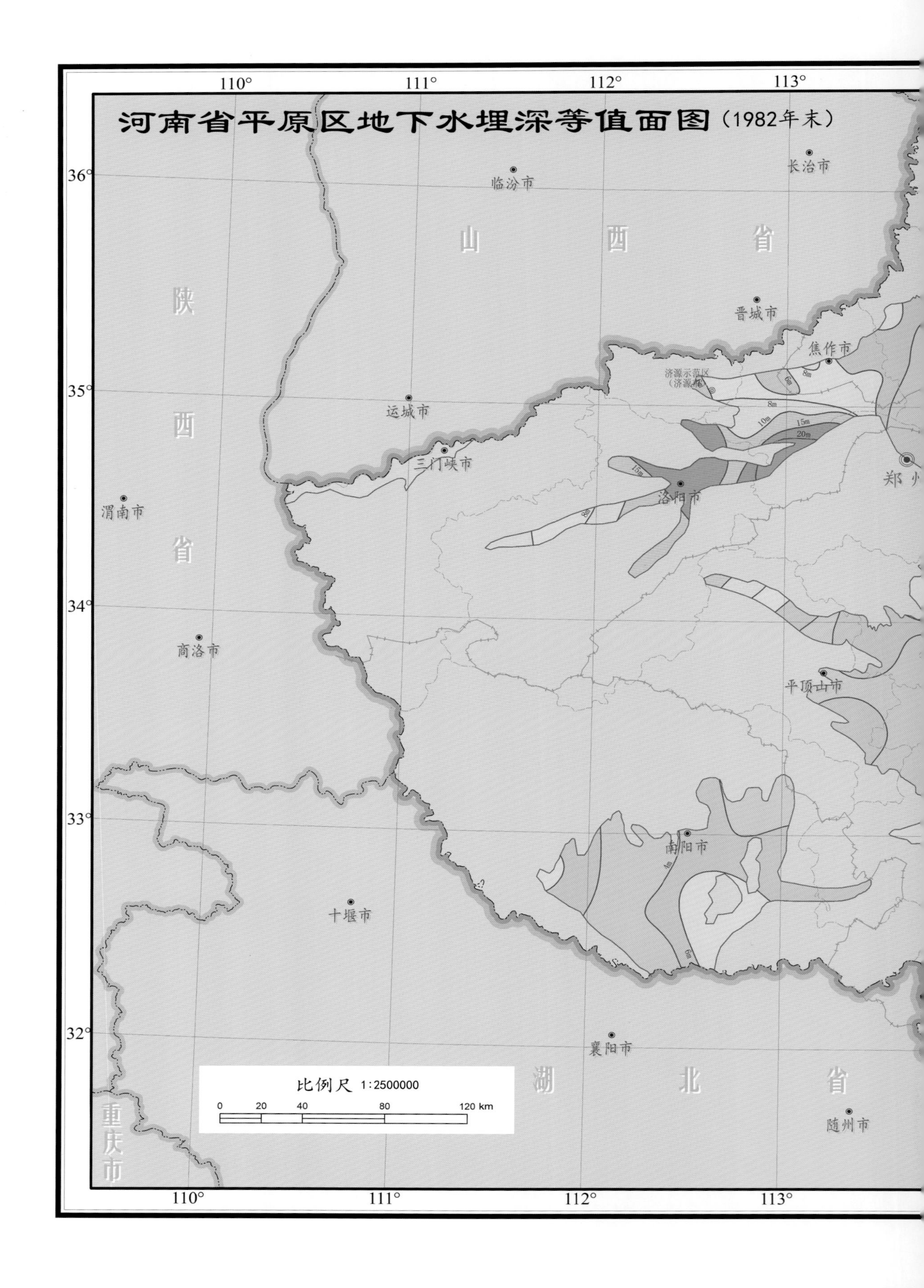
河南省平原区地下水埋深等值面图（1982年末）
110°
111°
112°
113°
36°
35°
34°
33°
32°
临汾市
长治市
山
西
省
陕
西
省
晋城市
焦作市
济源示范区
（济源市）
运城市
三门峡市
渭南市
洛阳市
郑州
商洛市
平顶山市
南阳市
十堰市
襄阳市
湖
北
省
随州市
重庆市
比例尺 1:2500000
0
20
40
80
120 km

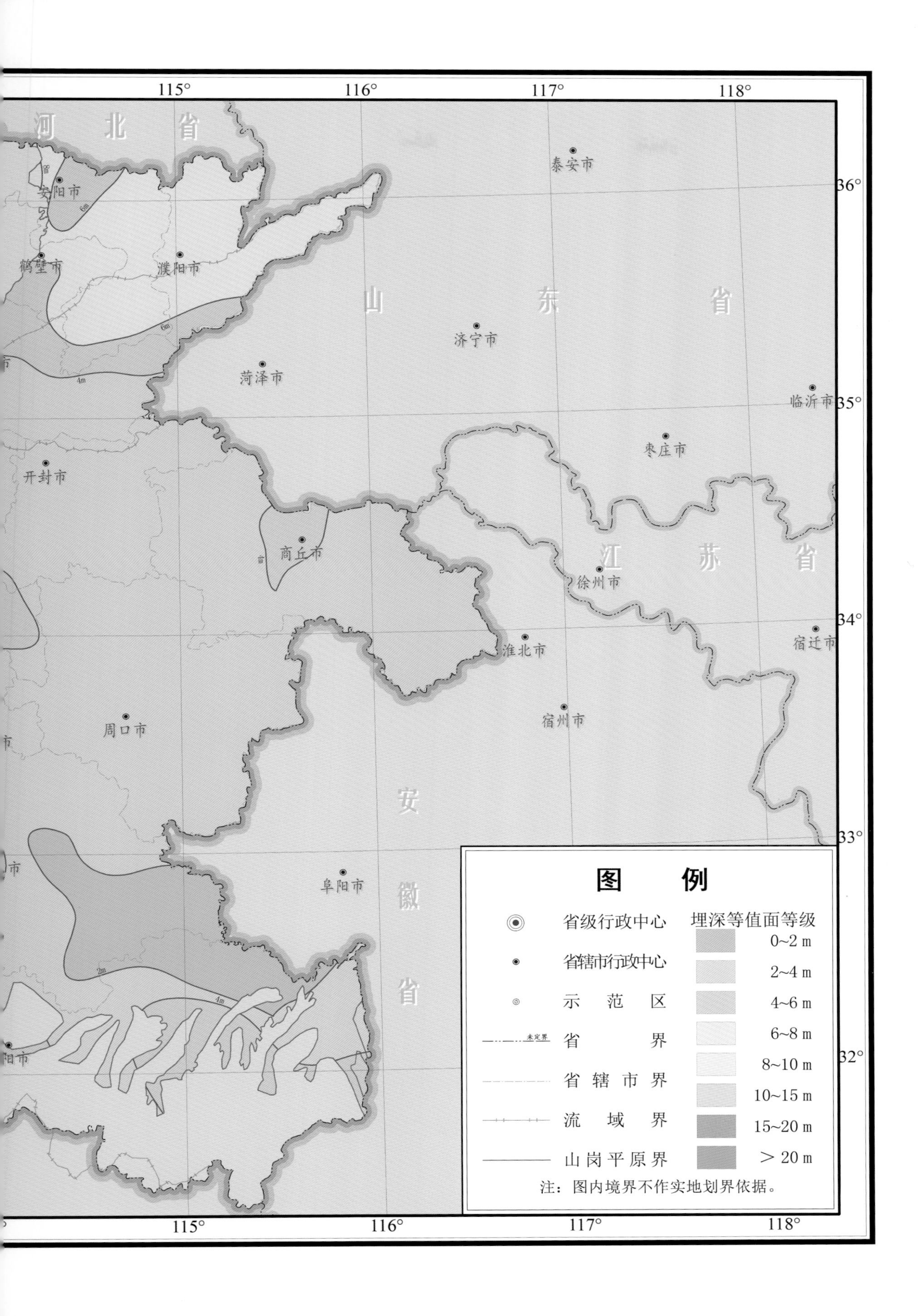

115°
116°
117°
118°
河 北 省
泰安市
36°
安阳市
鹤壁市
濮阳市
山 东 省
济宁市
菏泽市
临沂市
35°
枣庄市
开封市
商丘市
江 苏 省
徐州市
34°
淮北市
宿迁市
周口市
宿州市
安
33°
阜阳市
徽
省
32°
图 例
省级行政中心
省辖市行政中心
示 范 区
省 界
未定界
省 辖 市 界
流 域 界
山岗平原界
埋深等值面等级
0~2 m
2~4 m
4~6 m
6~8 m
8~10 m
10~15 m
15~20 m
> 20 m
注：图内境界不作实地划界依据。

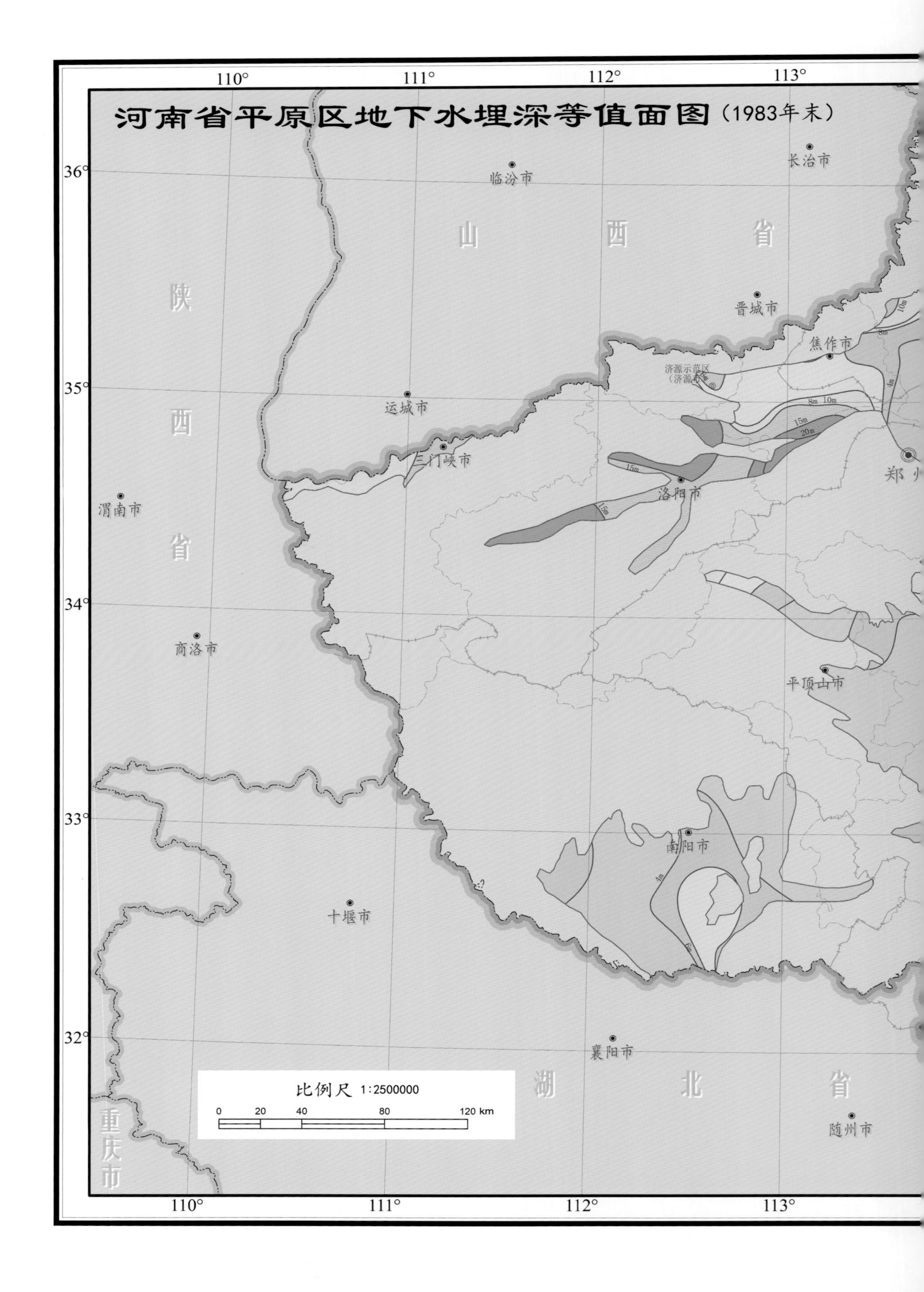

河南省平原区地下水埋深等值面图（1983年末）
110°
111°
112°
113°
36°
35°
34°
33°
32°
临汾市
长治市
山
西
省
陕
西
省
晋城市
焦作市
济源示范区
（济源市）
运城市
三门峡市
渭南市
洛阳市
郑州
商洛市
平顶山市
南阳市
十堰市
襄阳市
湖
北
省
随州市
重庆市
10m
8m
4m
8m
10m
15m
20m
15m
15m
4m
比例尺 1:2500000
0
20
40
80
120 km

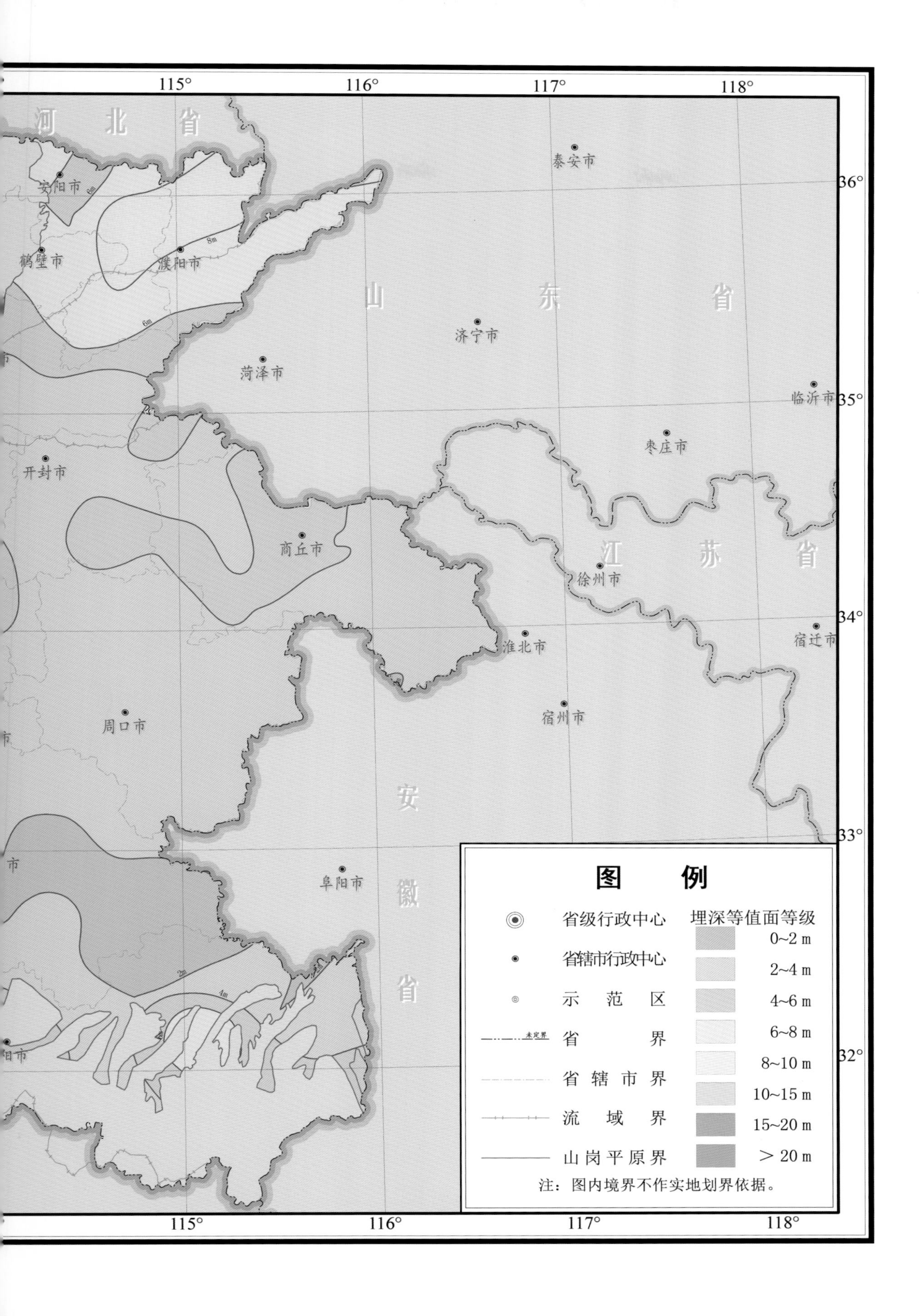

115°
116°
117°
118°
河　北　省
泰安市
36°
安阳市
鹤壁市
濮阳市
山　　东　　省
济宁市
菏泽市
临沂市
35°
枣庄市
开封市
江　苏　省
商丘市
徐州市
34°
淮北市
宿迁市
宿州市
周口市
安
33°
阜阳市
徽
省
32°
图　　例
省级行政中心
省辖市行政中心
示　范　区
未定界
省　　界
省 辖 市 界
流　域　界
山岗平原界
埋深等值面等级
0~2 m
2~4 m
4~6 m
6~8 m
8~10 m
10~15 m
15~20 m
＞20 m
注：图内境界不作实地划界依据。
115°
116°
117°
118°

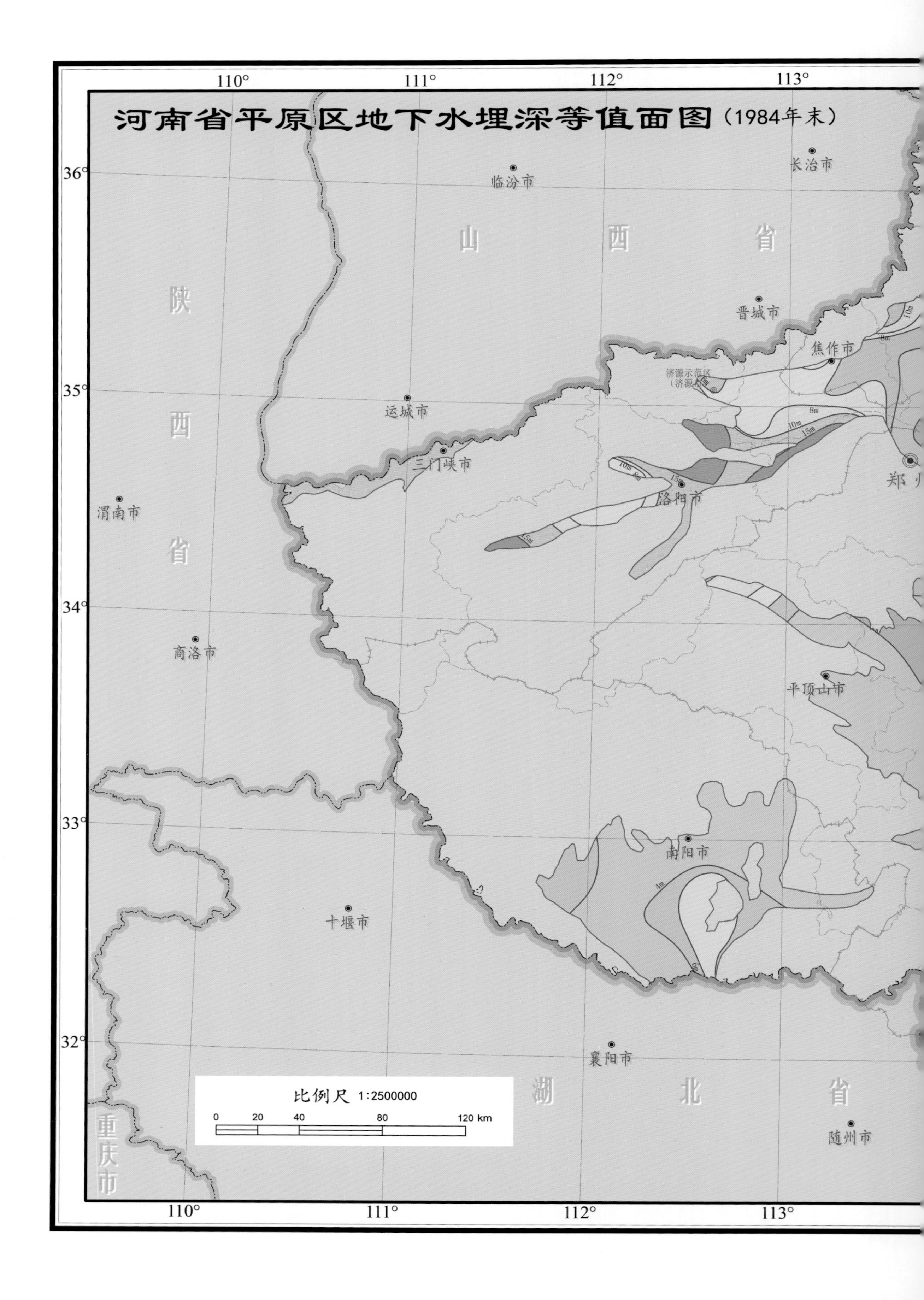

河南省平原区地下水埋深等值面图（1984年末）
110°
111°
112°
113°
36°
35°
34°
33°
32°
临汾市
长治市
山
西
省
陕
西
省
晋城市
焦作市
济源示范区
（济源市）
运城市
三门峡市
洛阳市
郑
渭南市
商洛市
平顶山市
南阳市
十堰市
襄阳市
随州市
湖
北
省
重
庆
市
10m
8m
15m
比例尺 1:2500000
0
20
40
80
120 km

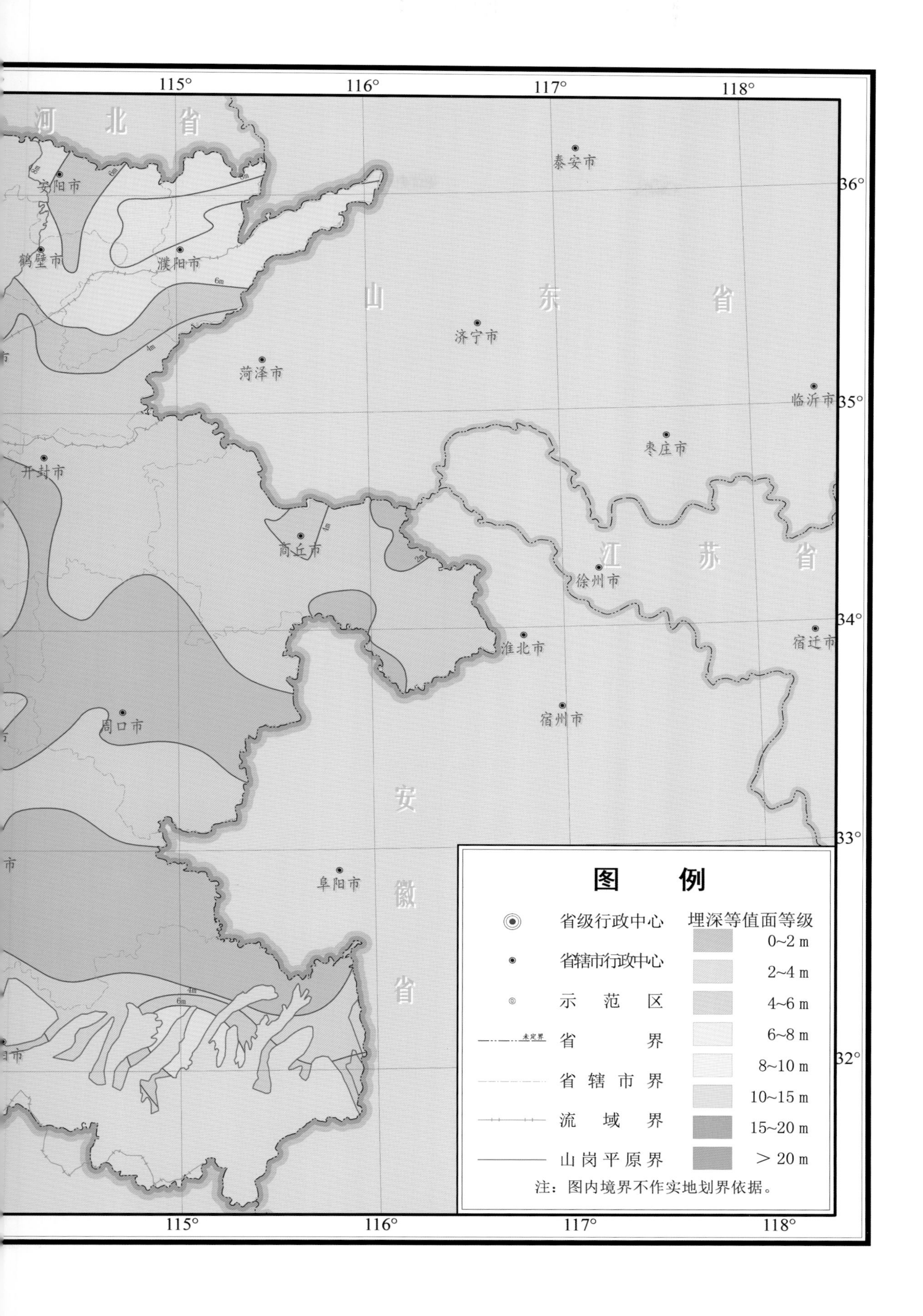

115°
116°
117°
118°
河 北 省
泰安市
36°
安阳市
鹤壁市
濮阳市
山 东 省
济宁市
菏泽市
临沂市
35°
枣庄市
开封市
商丘市
江 苏 省
徐州市
34°
淮北市
宿迁市
周口市
宿州市
安
33°
阜阳市
徽
省
32°
图 例
省级行政中心
省辖市行政中心
示 范 区
省 界
省 辖 市 界
流 域 界
山岗平原界
埋深等值面等级
0~2 m
2~4 m
4~6 m
6~8 m
8~10 m
10~15 m
15~20 m
> 20 m
注：图内境界不作实地划界依据。

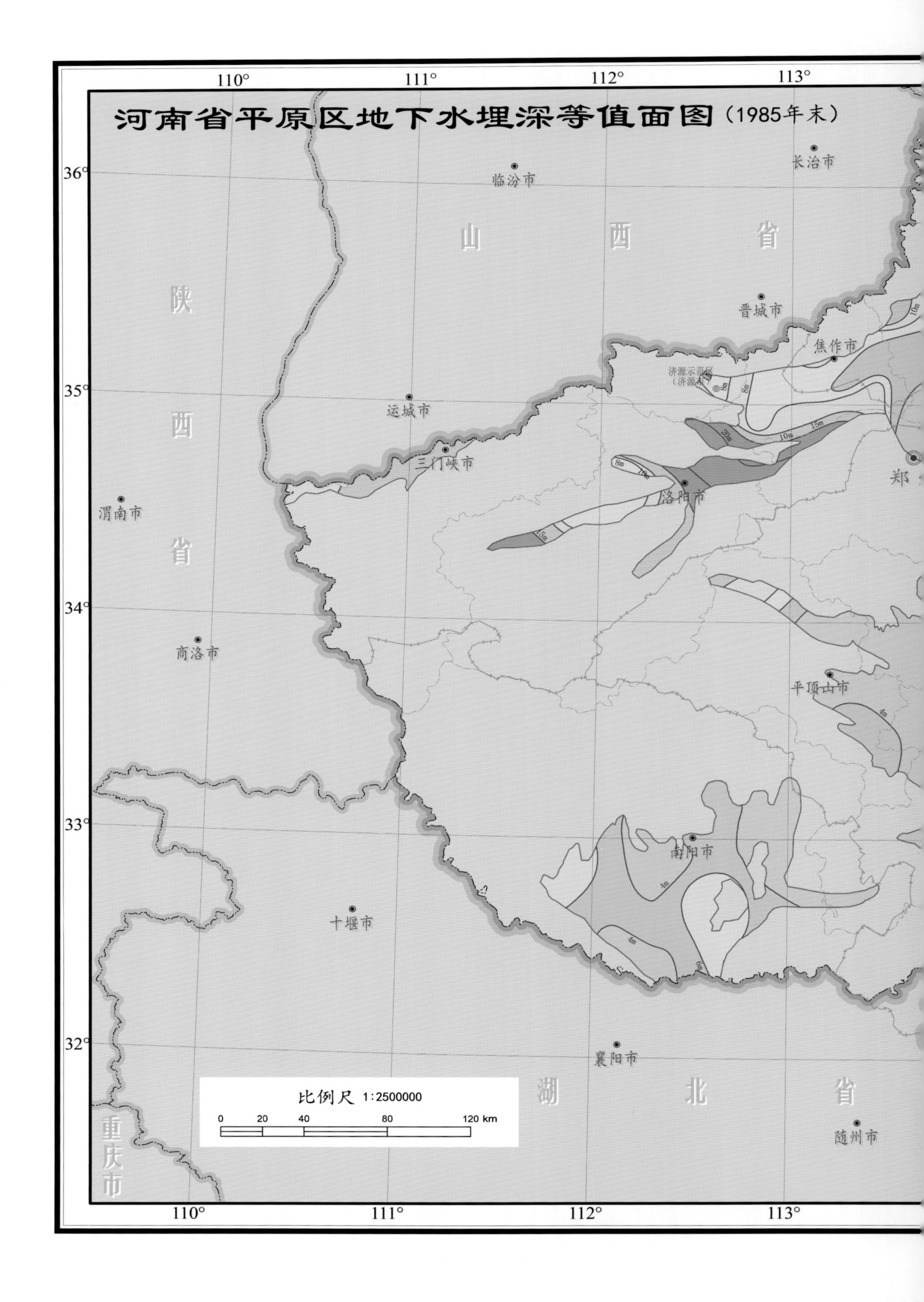
河南省平原区地下水埋深等值面图（1985年末）
110°
111°
112°
113°
36°
35°
34°
33°
32°
临汾市
长治市
山 西 省
陕 西 省
晋城市
焦作市
运城市
三门峡市
郑
洛阳市
渭南市
商洛市
平顶山市
南阳市
十堰市
襄阳市
湖 北 省
随州市
重庆市
比例尺 1:2500000
0 20 40 80 120 km

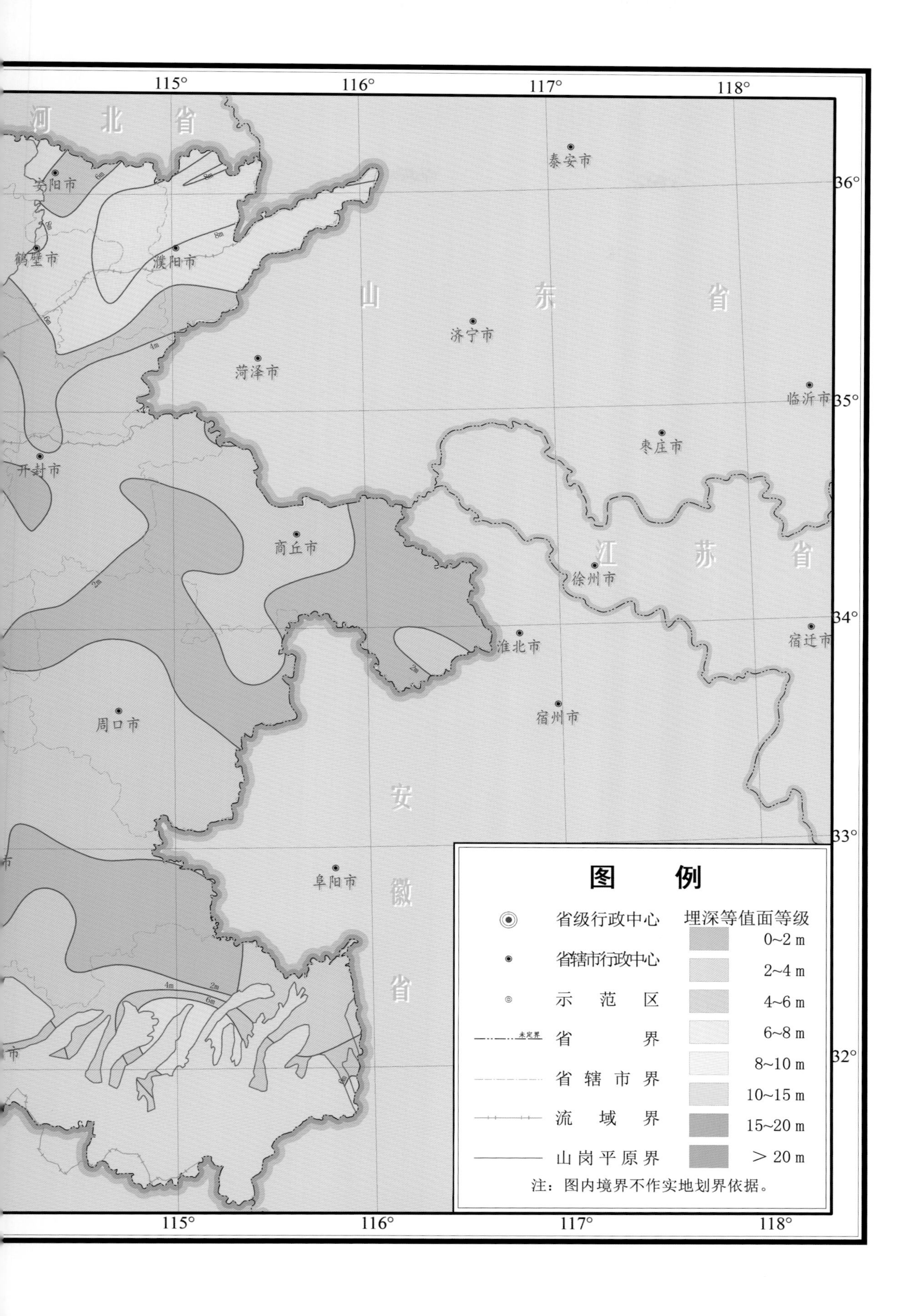

115°
116°
117°
118°
36°
35°
34°
33°
32°
河 北 省
山 东 省
江 苏 省
安 徽 省
安阳市
鹤壁市
濮阳市
泰安市
济宁市
菏泽市
临沂市
枣庄市
开封市
商丘市
徐州市
淮北市
宿迁市
宿州市
周口市
阜阳市
2m
4m
6m
8m
图 例
省级行政中心
省辖市行政中心
示 范 区
省 界
未定界
省 辖 市 界
流 域 界
山岗平原界
埋深等值面等级
0~2 m
2~4 m
4~6 m
6~8 m
8~10 m
10~15 m
15~20 m
> 20 m
注：图内境界不作实地划界依据。

河南省平原区地下水埋深等值面图（1986年末）

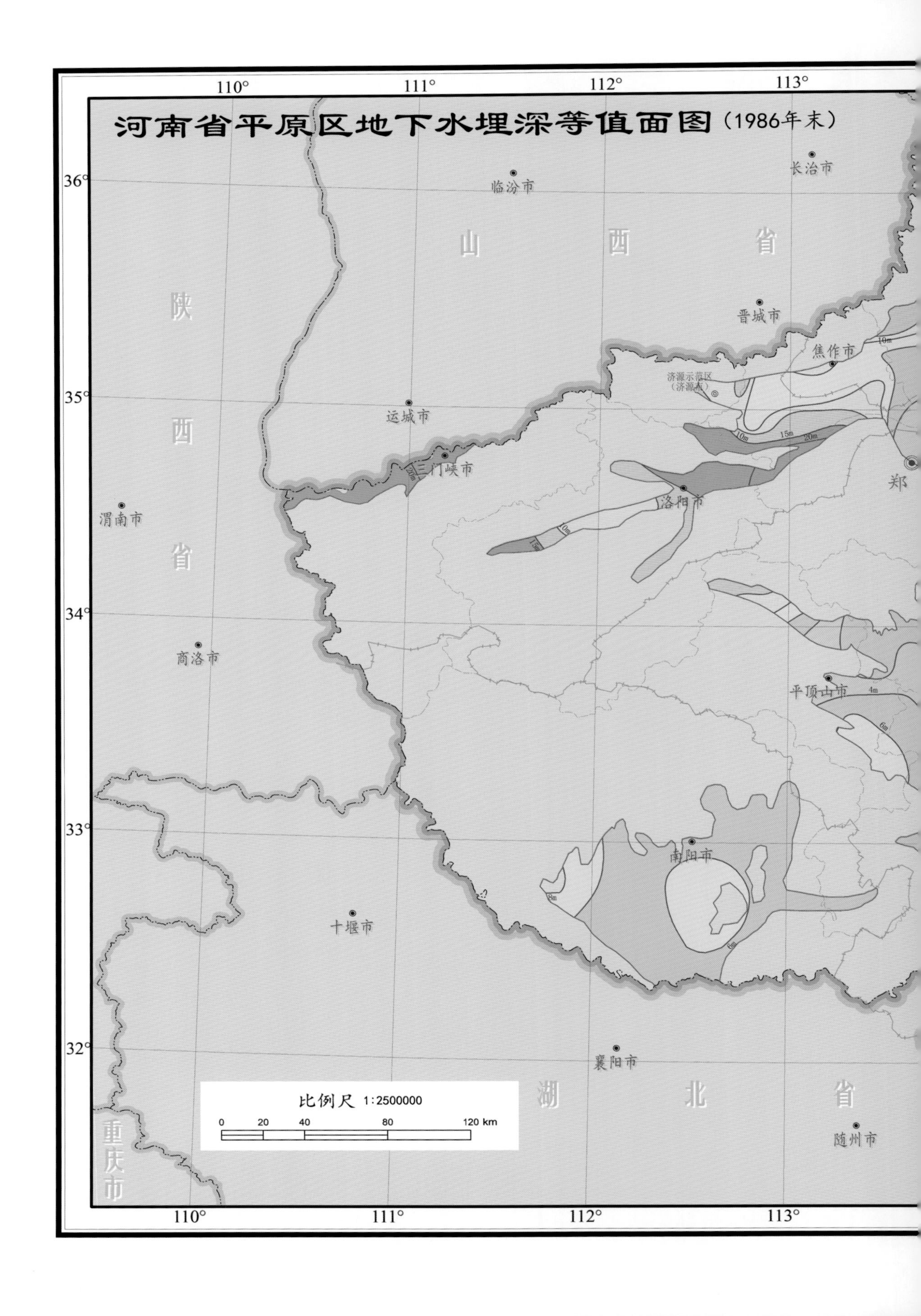

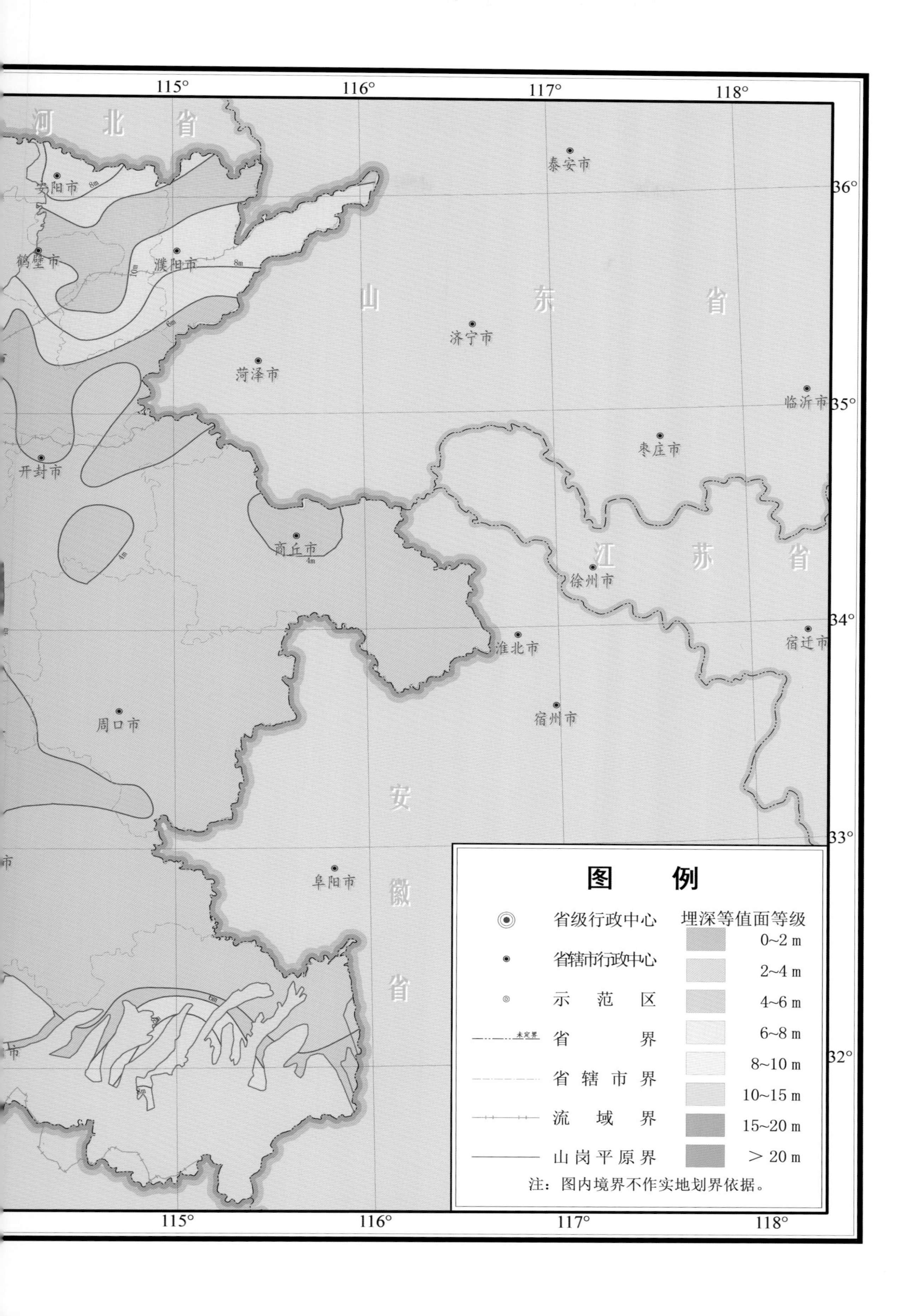

115°
116°
117°
118°
河北省
安阳市
鹤壁市
濮阳市
泰安市
山东省
济宁市
菏泽市
临沂市
枣庄市
开封市
商丘市
江苏省
徐州市
淮北市
宿迁市
周口市
宿州市
安徽省
阜阳市
36°
35°
34°
33°
32°
图例
省级行政中心
省辖市行政中心
示范区
省界
未定界
省辖市界
流域界
山岗平原界
埋深等值面等级
0~2 m
2~4 m
4~6 m
6~8 m
8~10 m
10~15 m
15~20 m
> 20 m
注：图内境界不作实地划界依据。

河南省平原区地下水埋深等值面图（1987年末）

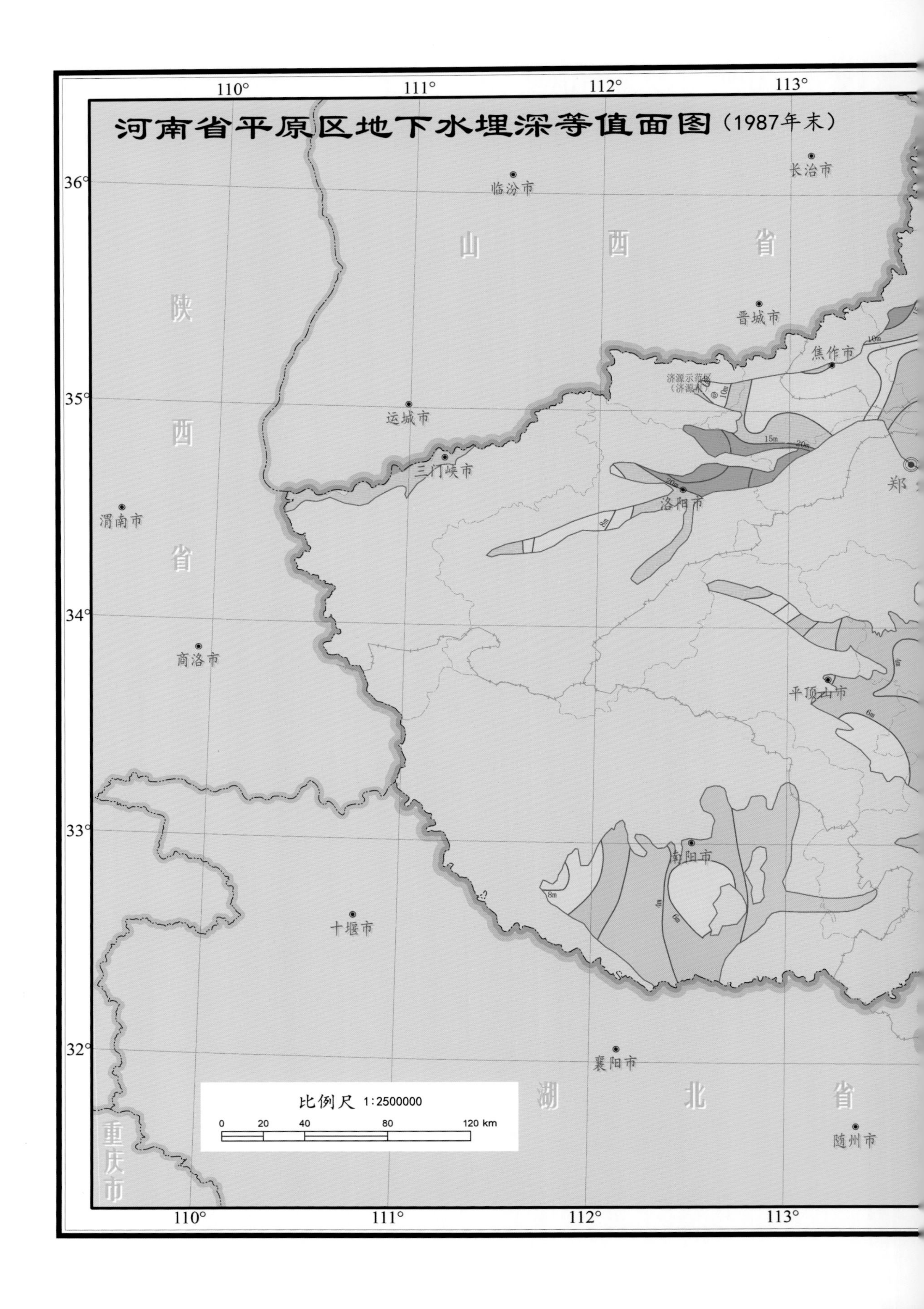

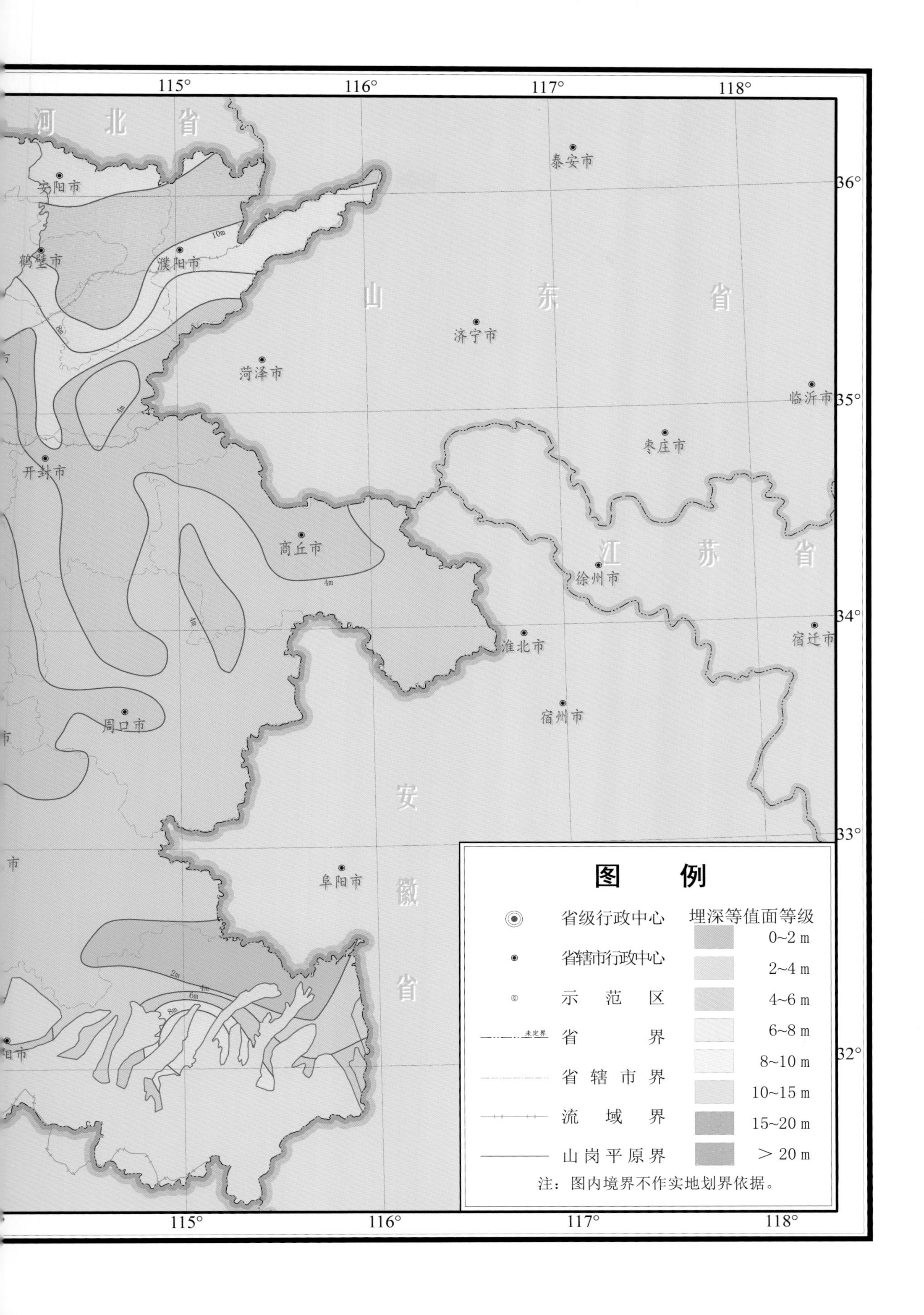

115°
116°
117°
118°
36°
35°
34°
33°
32°
河北省
山东省
江苏省
安徽省
泰安市
安阳市
鹤壁市
濮阳市
济宁市
菏泽市
临沂市
枣庄市
开封市
商丘市
徐州市
淮北市
宿迁市
宿州市
周口市
阜阳市
10m
8m
4m
2m
6m
图 例
省级行政中心
省辖市行政中心
示 范 区
未定界
省 界
省 辖 市 界
流 域 界
山岗平原界
埋深等值面等级
0~2 m
2~4 m
4~6 m
6~8 m
8~10 m
10~15 m
15~20 m
> 20 m
注：图内境界不作实地划界依据。

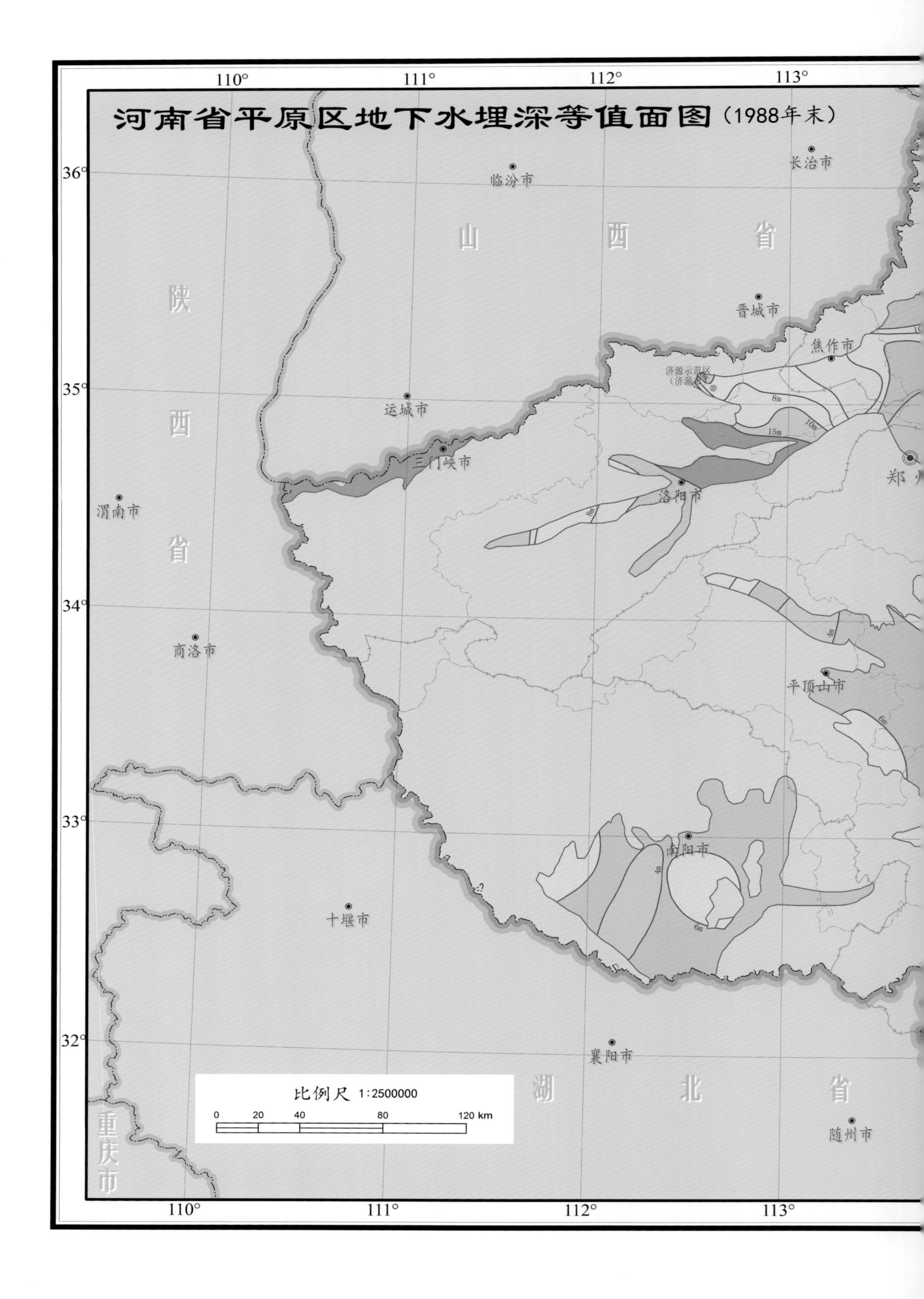

河南省平原区地下水埋深等值面图（1988年末）
110°
111°
112°
113°
36°
35°
34°
33°
32°
长治市
临汾市
山
西
省
陕
西
省
晋城市
焦作市
济源示范区
（济源）
8m
10m
15m
运城市
三门峡市
洛阳市
郑
渭南市
8m
4m
商洛市
平顶山市
6m
南阳市
4m
6m
十堰市
襄阳市
比例尺 1:2500000
0
20
40
80
120 km
湖
北
省
随州市
重
庆
市

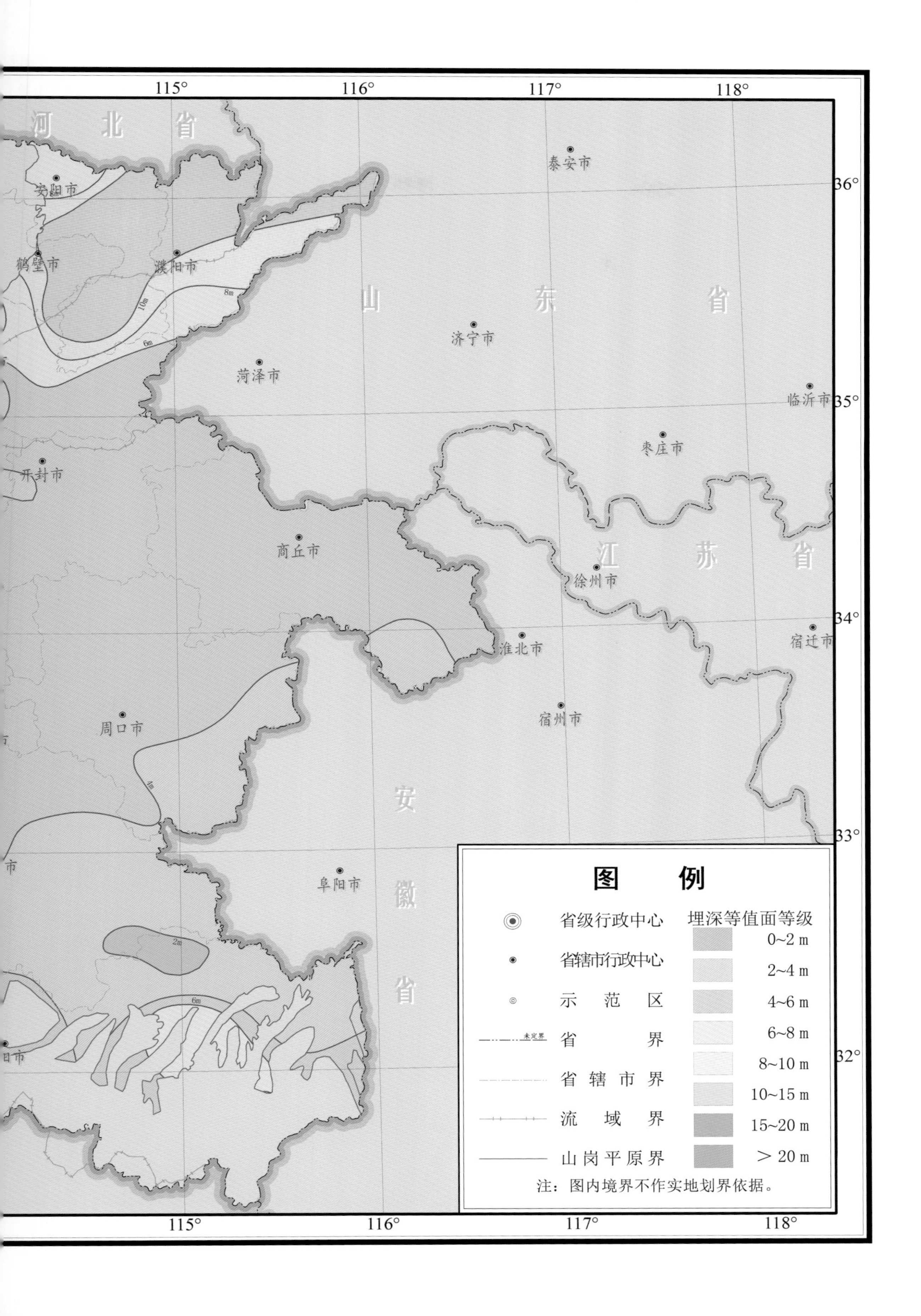

河北省
山东省
江苏省
安徽省
安阳市
鹤壁市
濮阳市
泰安市
济宁市
菏泽市
临沂市
枣庄市
开封市
商丘市
徐州市
淮北市
宿迁市
周口市
宿州市
阜阳市
10m
8m
6m
4m
2m
115°
116°
117°
118°
36°
35°
34°
33°
32°
图 例
省级行政中心
省辖市行政中心
示 范 区
省 界
未定界
省 辖 市 界
流 域 界
山岗平原界
埋深等值面等级
0~2 m
2~4 m
4~6 m
6~8 m
8~10 m
10~15 m
15~20 m
＞20 m
注：图内境界不作实地划界依据。

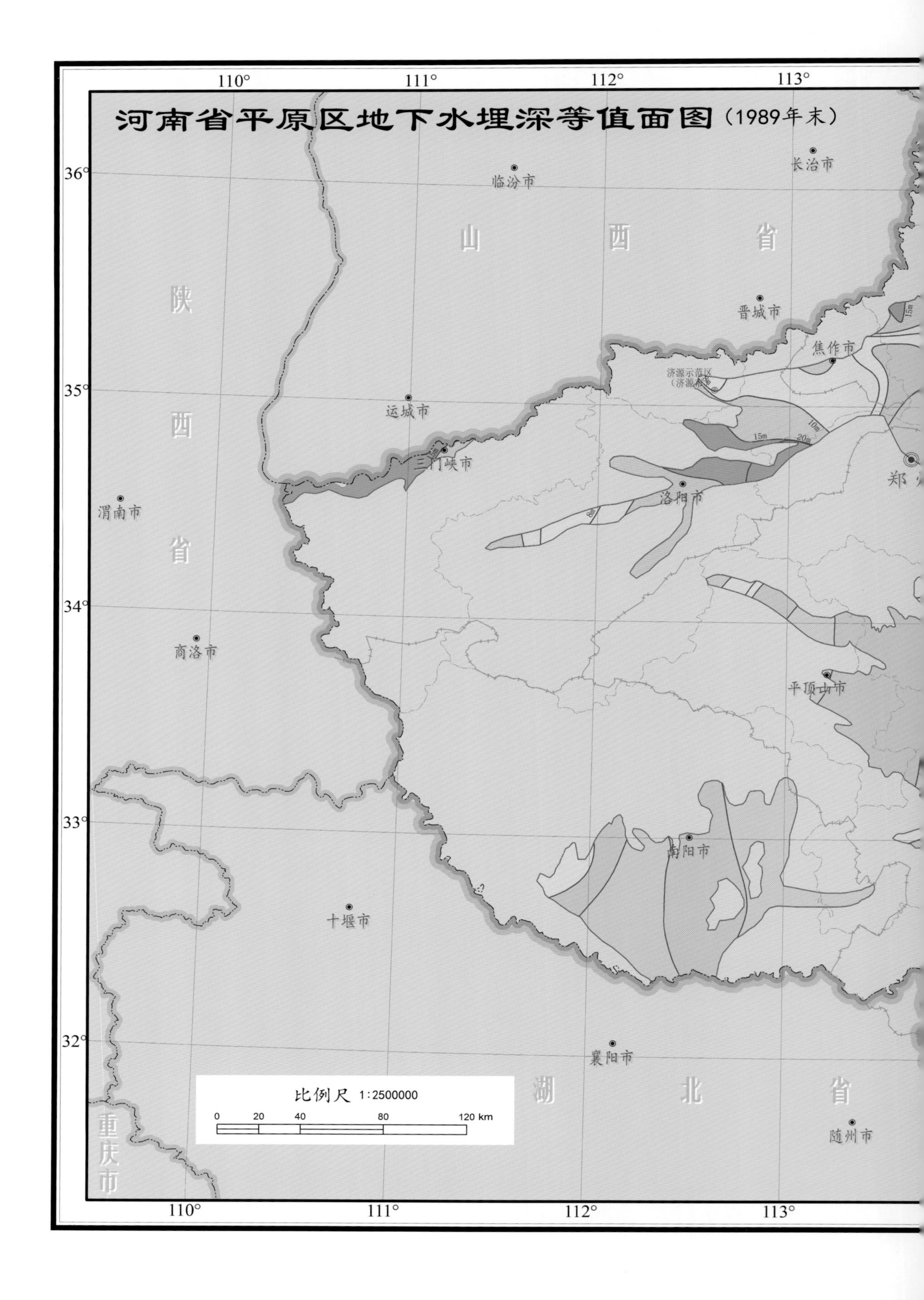
河南省平原区地下水埋深等值面图（1989年末）
110°
111°
112°
113°
36°
35°
34°
33°
32°
临汾市
长治市
山 西 省
陕 西 省
晋城市
焦作市
济源示范区
（济源市）
运城市
三门峡市
洛阳市
郑
渭南市
商洛市
平顶山市
南阳市
十堰市
襄阳市
湖 北 省
随州市
重庆市
比例尺 1:2500000
0 20 40 80 120 km
15m
10m
20m
8m

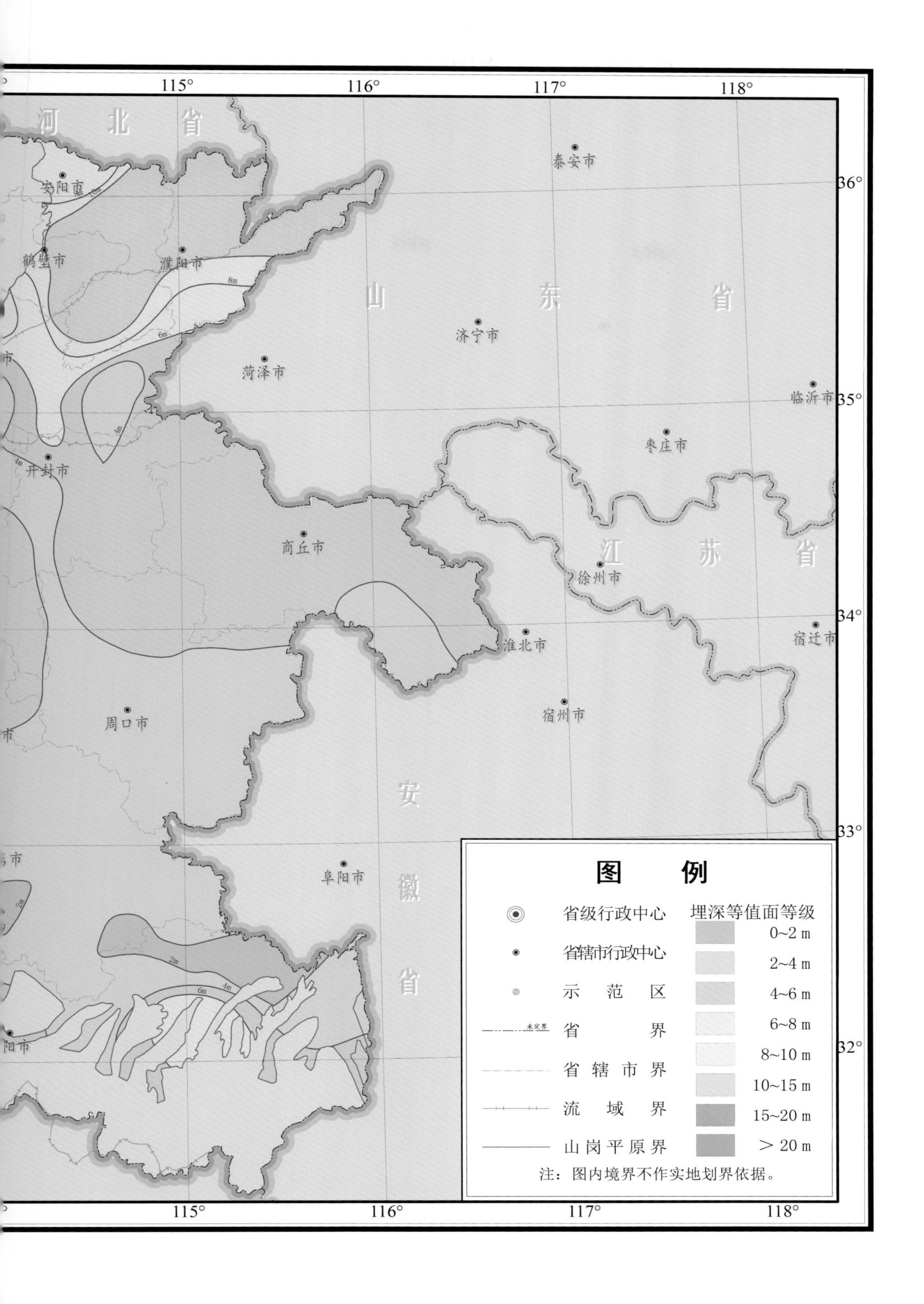

115°
116°
117°
118°
36°
35°
34°
33°
32°
河 北 省
山 东 省
江 苏 省
安 徽 省
泰安市
安阳市
鹤壁市
濮阳市
济宁市
菏泽市
临沂市
枣庄市
开封市
商丘市
徐州市
淮北市
宿迁市
宿州市
周口市
阜阳市
10m
8m
6m
4m
2m
图 例
省级行政中心
省辖市行政中心
示 范 区
未定界
省 界
省 辖 市 界
流 域 界
山 岗 平 原 界
埋深等值面等级
0~2 m
2~4 m
4~6 m
6~8 m
8~10 m
10~15 m
15~20 m
> 20 m
注：图内境界不作实地划界依据。

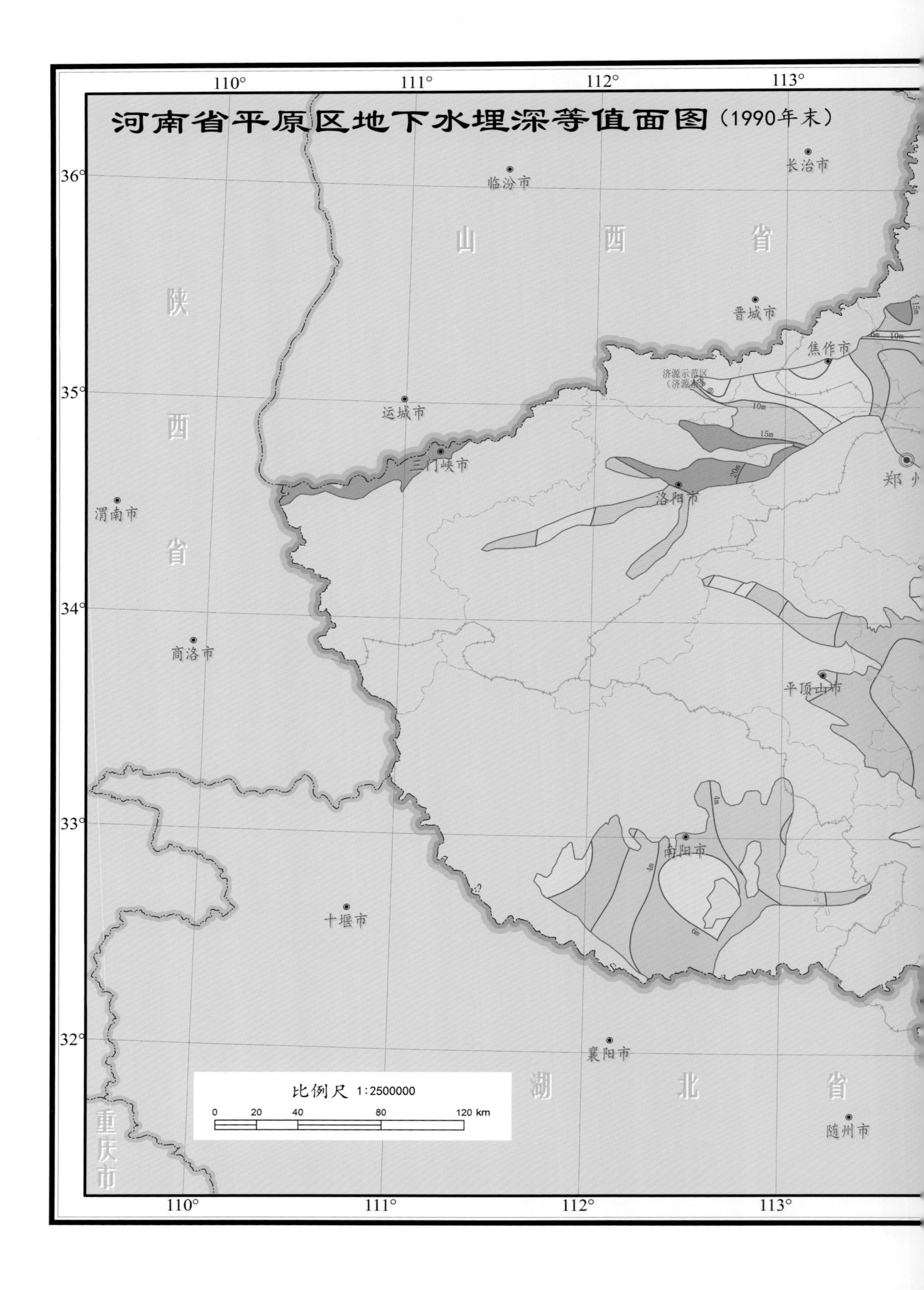

河南省平原区地下水埋深等值面图（1990年末）
110°
111°
112°
113°
36°
35°
34°
33°
32°
临汾市
长治市
山
西
省
陕
西
省
晋城市
焦作市
济源示范区
（济源市）
运城市
三门峡市
洛阳市
郑州
渭南市
商洛市
平顶山市
南阳市
十堰市
襄阳市
随州市
湖
北
省
重庆市
10m
15m
20m
4m
6m
比例尺 1:2500000
0 20 40 80 120 km

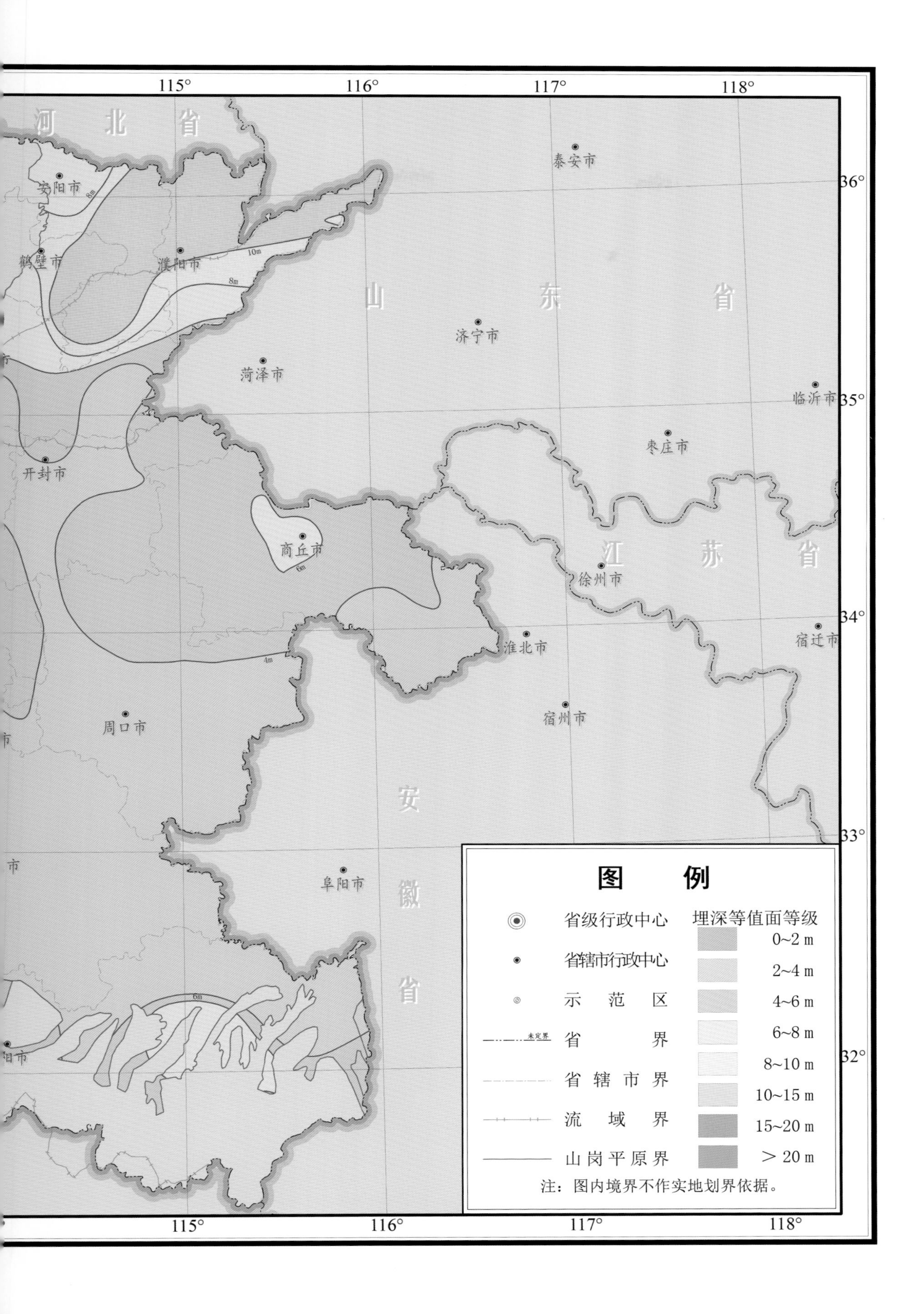

115°
116°
117°
118°
36°
35°
34°
33°
32°
河 北 省
山 东 省
江 苏 省
安 徽 省
泰安市
安阳市
鹤壁市
濮阳市
济宁市
菏泽市
临沂市
枣庄市
开封市
商丘市
徐州市
淮北市
宿迁市
周口市
宿州市
阜阳市
10m
8m
6m
4m
图 例
省级行政中心
省辖市行政中心
示 范 区
未定界
省 界
省 辖 市 界
流 域 界
山岗平原界
埋深等值面等级
0~2 m
2~4 m
4~6 m
6~8 m
8~10 m
10~15 m
15~20 m
＞20 m
注：图内境界不作实地划界依据。

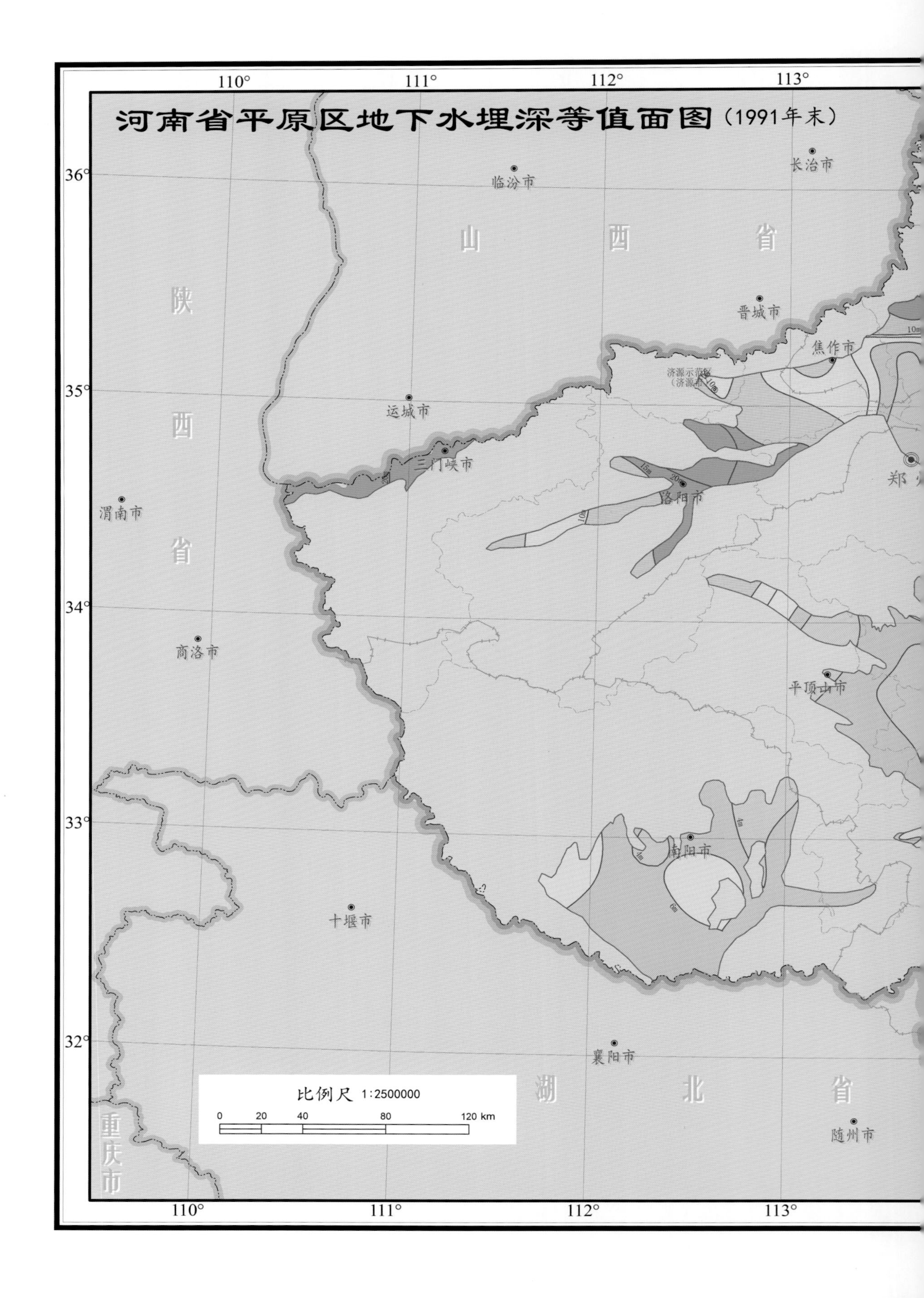

河南省平原区地下水埋深等值面图（1991年末）
110°
111°
112°
113°
36°
35°
34°
33°
32°
临汾市
长治市
山
西
省
陕
西
省
晋城市
焦作市
运城市
三门峡市
洛阳市
渭南市
商洛市
平顶山市
南阳市
十堰市
襄阳市
湖
北
省
随州市
重庆市
比例尺 1:2500000
0 20 40 80 120 km

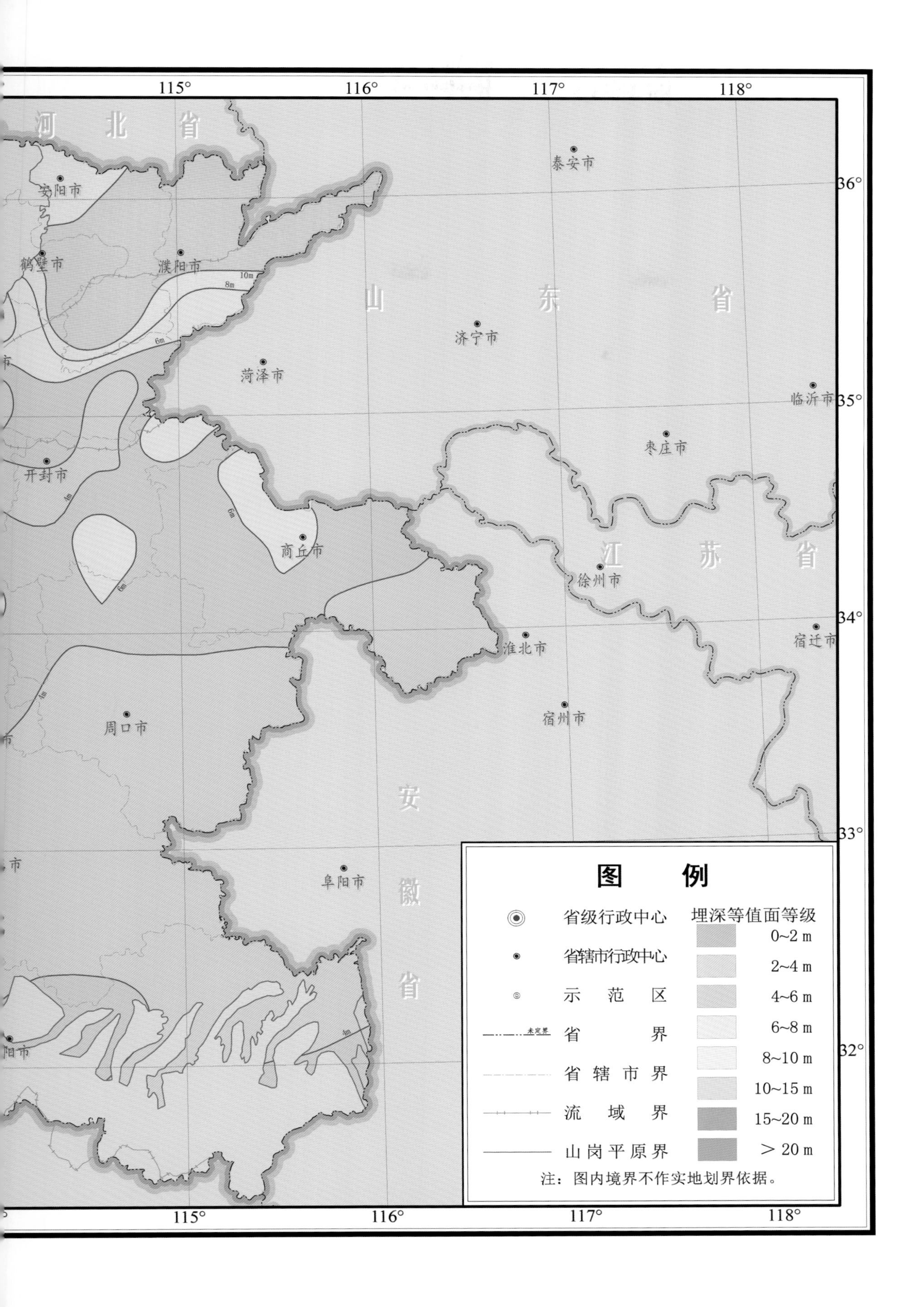

115°
116°
117°
118°
36°
35°
34°
33°
32°
河北省
山东省
江苏省
安徽省
安阳市
鹤壁市
濮阳市
泰安市
济宁市
菏泽市
临沂市
枣庄市
开封市
商丘市
徐州市
淮北市
宿迁市
宿州市
周口市
阜阳市
10m
8m
6m
4m
图例
省级行政中心
省辖市行政中心
示范区
未定界
省界
省辖市界
流域界
山岗平原界
埋深等值面等级
0~2 m
2~4 m
4~6 m
6~8 m
8~10 m
10~15 m
15~20 m
＞20 m
注：图内境界不作实地划界依据。

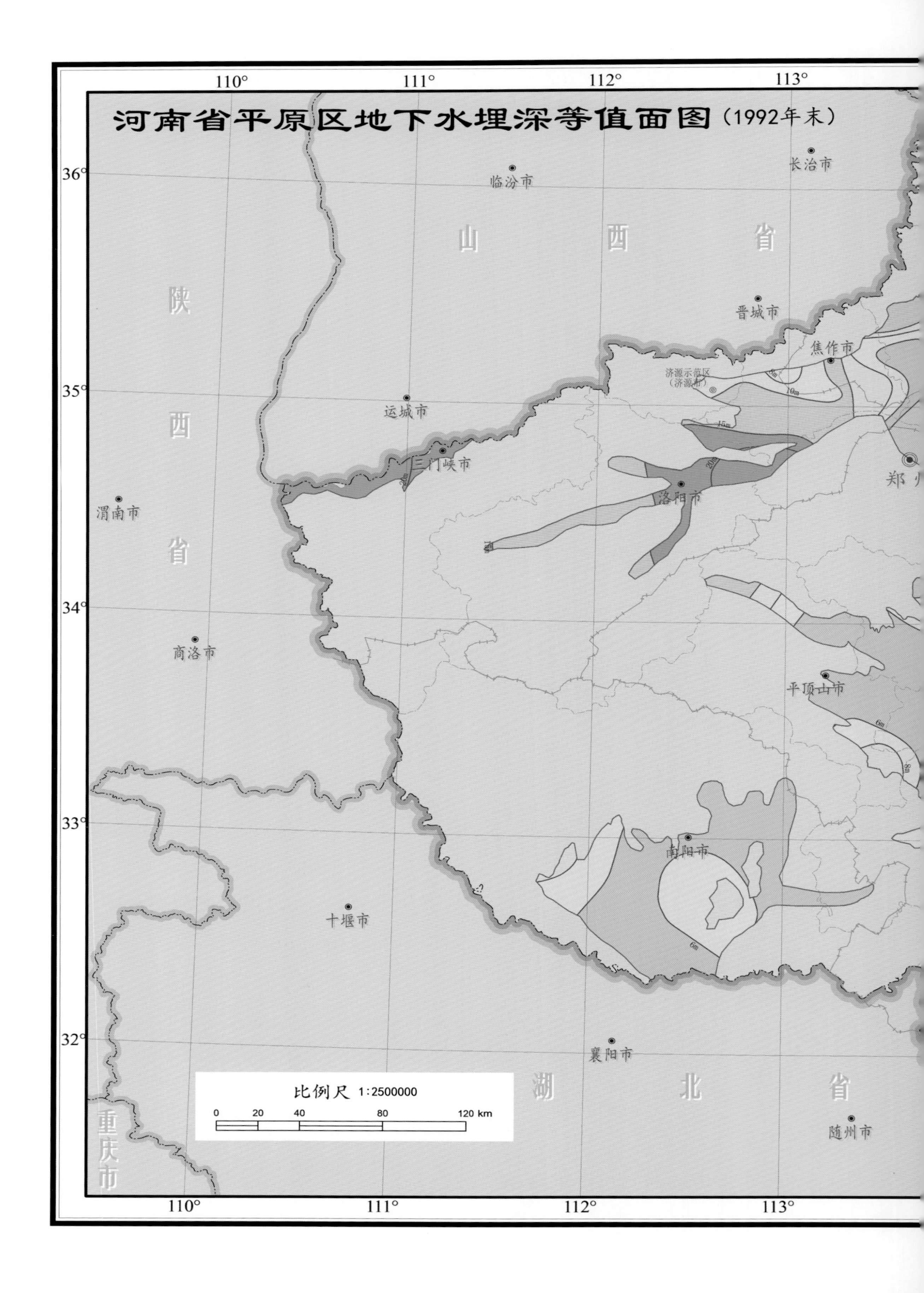

河南省平原区地下水埋深等值面图（1992年末）
110°
111°
112°
113°
36°
35°
34°
33°
32°
临汾市
长治市
山
西
省
陕
西
省
晋城市
焦作市
济源示范区
（济源市）
运城市
三门峡市
洛阳市
郑州
渭南市
商洛市
平顶山市
南阳市
十堰市
襄阳市
湖
北
省
随州市
重庆市
比例尺 1:2500000
0
20
40
80
120 km

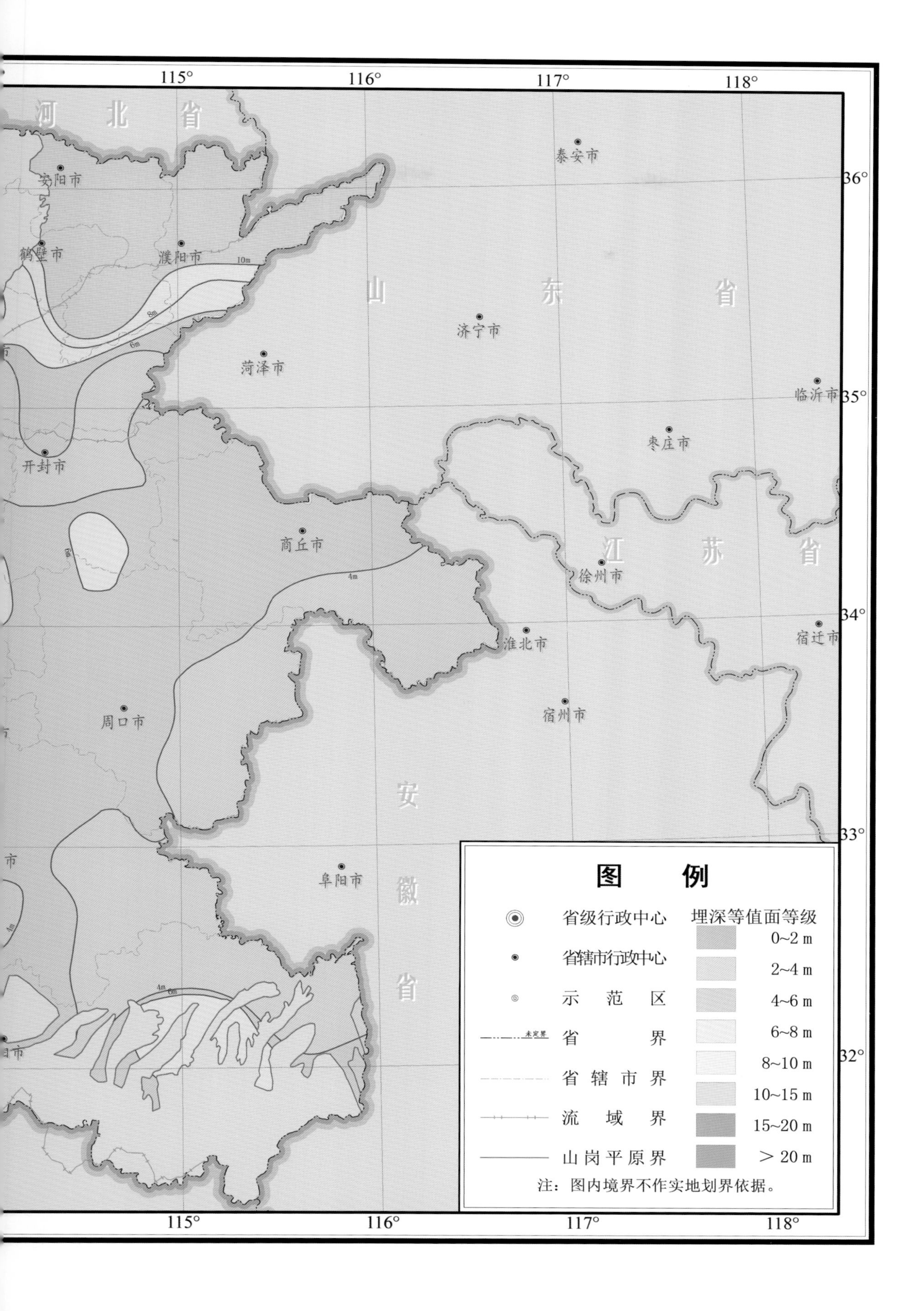

115°
116°
117°
118°
36°
35°
34°
33°
32°
河北省
山东省
江苏省
安徽省
安阳市
鹤壁市
濮阳市
泰安市
济宁市
菏泽市
临沂市
枣庄市
开封市
商丘市
徐州市
宿迁市
淮北市
周口市
宿州市
阜阳市
10m
8m
6m
4m
图例
省级行政中心
省辖市行政中心
示范区
未定界
省界
省辖市界
流域界
山岗平原界
埋深等值面等级
0~2 m
2~4 m
4~6 m
6~8 m
8~10 m
10~15 m
15~20 m
> 20 m
注：图内境界不作实地划界依据。

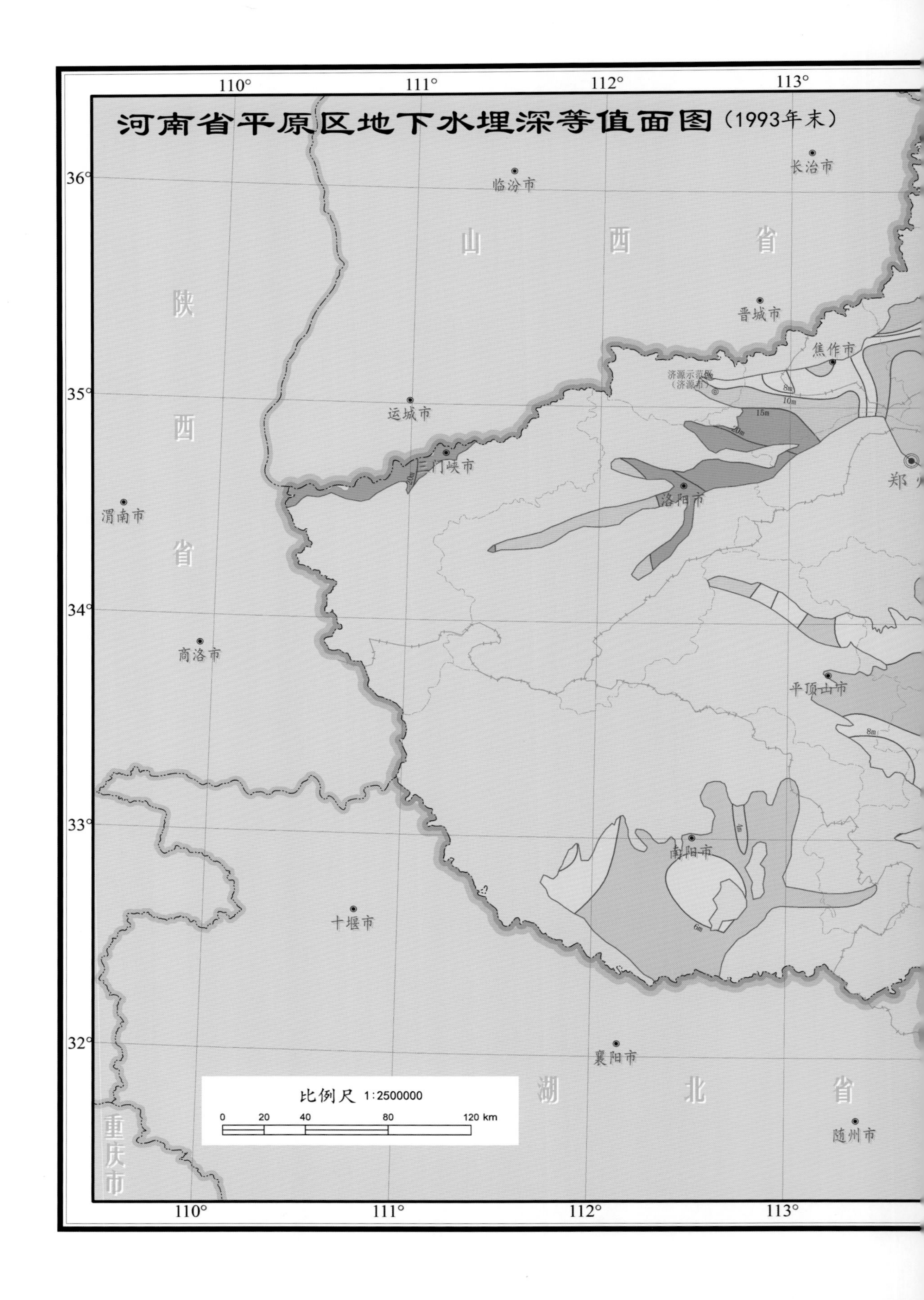

河南省平原区地下水埋深等值面图（1993年末）
110°
111°
112°
113°
36°
35°
34°
33°
32°
临汾市
长治市
山
西
省
陕
西
省
晋城市
焦作市
运城市
三门峡市
洛阳市
郑州
渭南市
商洛市
平顶山市
南阳市
十堰市
襄阳市
随州市
湖
北
省
重庆市
8m
10m
15m
20m
6m
比例尺 1:2500000
0
20
40
80
120 km

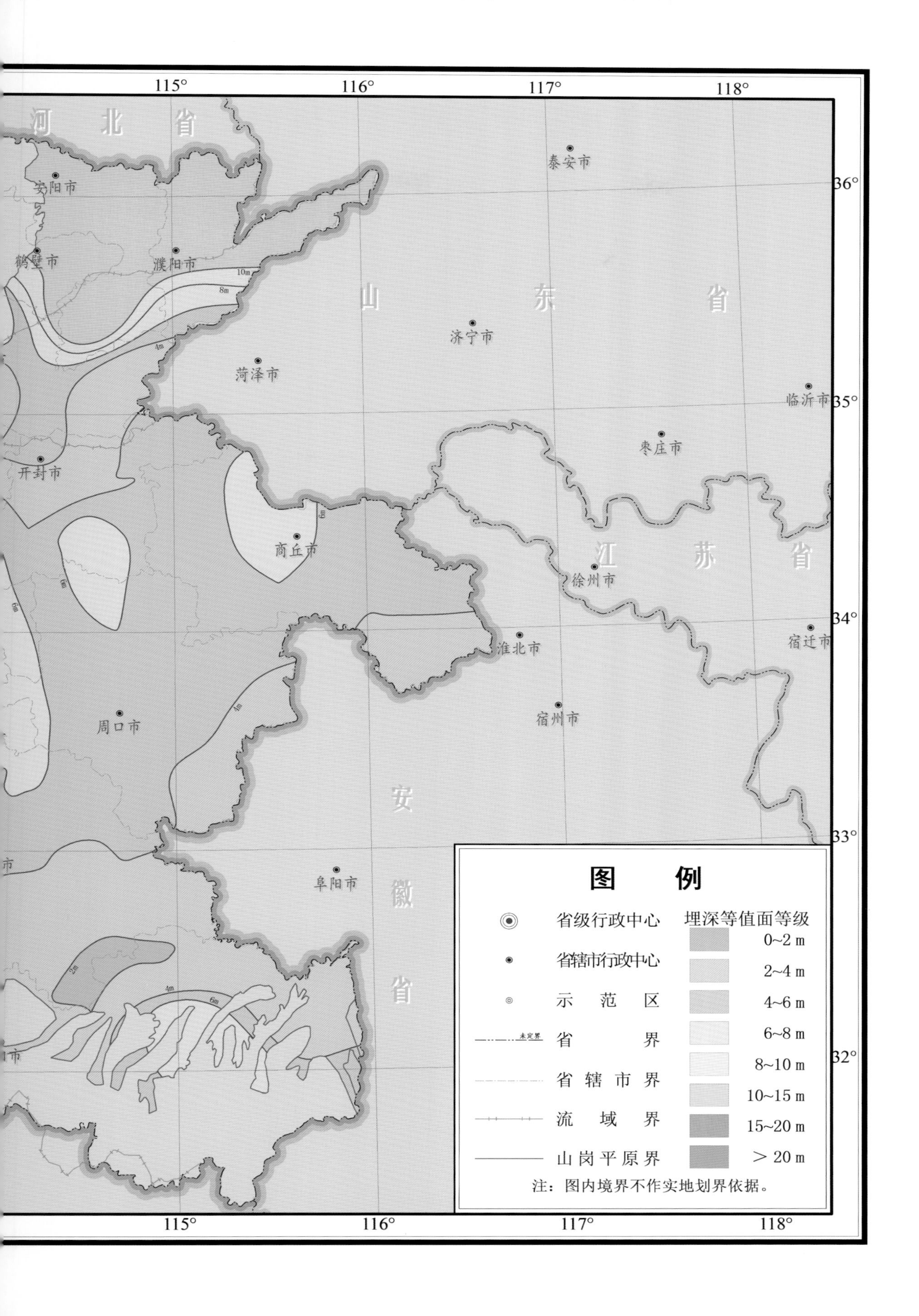

115°
116°
117°
118°
河 北 省
山 东 省
江 苏 省
安 徽 省
泰安市
安阳市
鹤壁市
濮阳市
济宁市
菏泽市
临沂市
枣庄市
开封市
商丘市
徐州市
淮北市
宿迁市
周口市
宿州市
阜阳市
10m
8m
4m
6m
2m
36°
35°
34°
33°
32°
图 例
省级行政中心
省辖市行政中心
示 范 区
未定界
省 界
省 辖 市 界
流 域 界
山 岗 平 原 界
埋深等值面等级
0~2 m
2~4 m
4~6 m
6~8 m
8~10 m
10~15 m
15~20 m
＞20 m
注：图内境界不作实地划界依据。

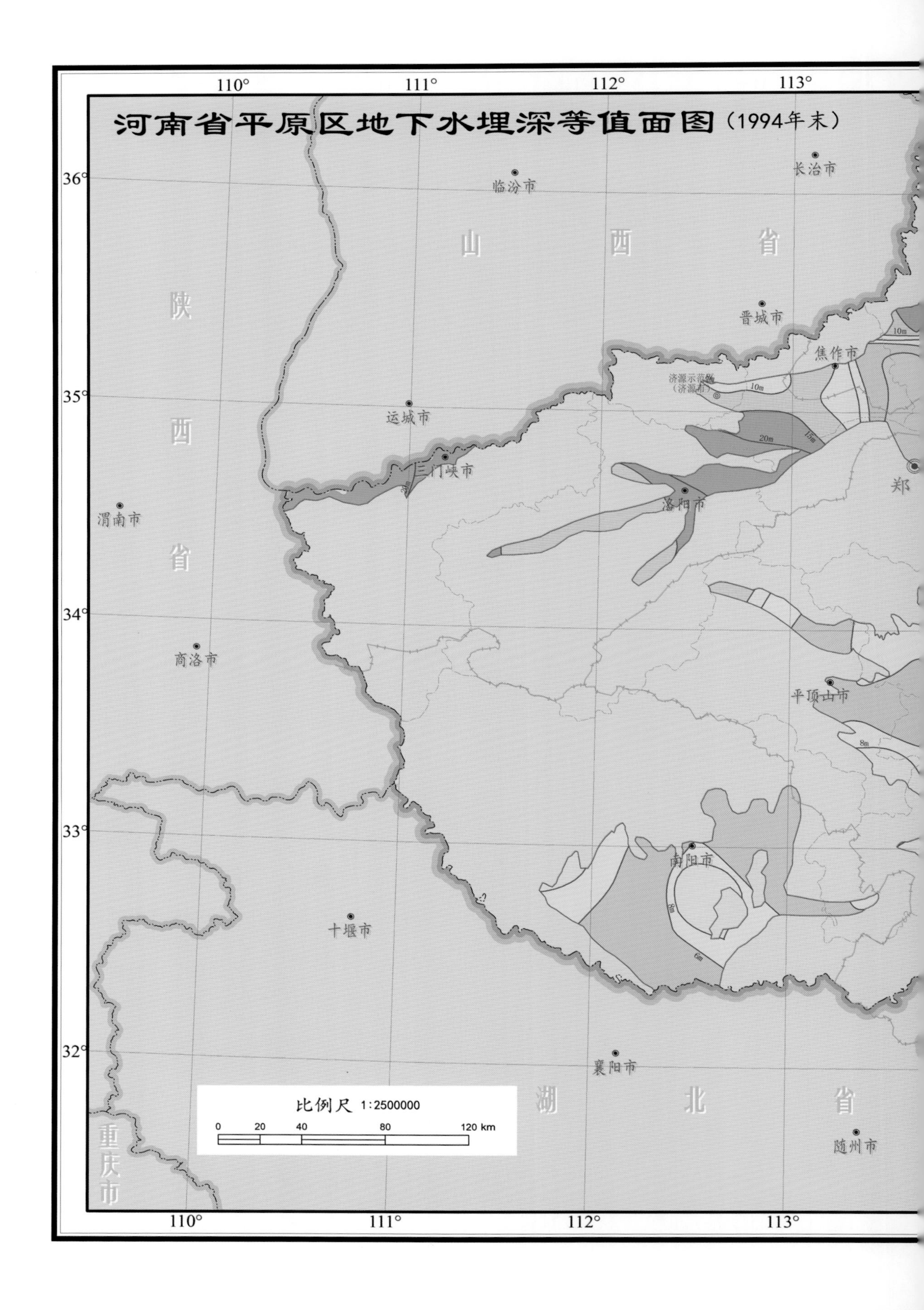

河南省平原区地下水埋深等值面图（1994年末）
110°
111°
112°
113°
36°
35°
34°
33°
32°
长治市
临汾市
山
西
省
陕
西
省
晋城市
焦作市
济源示范区
（济源市）
10m
20m
15m
运城市
三门峡市
渭南市
洛阳市
郑
商洛市
平顶山市
8m
南阳市
6m
十堰市
襄阳市
湖
北
省
随州市
重庆市
比例尺 1:2500000
0
20
40
80
120 km

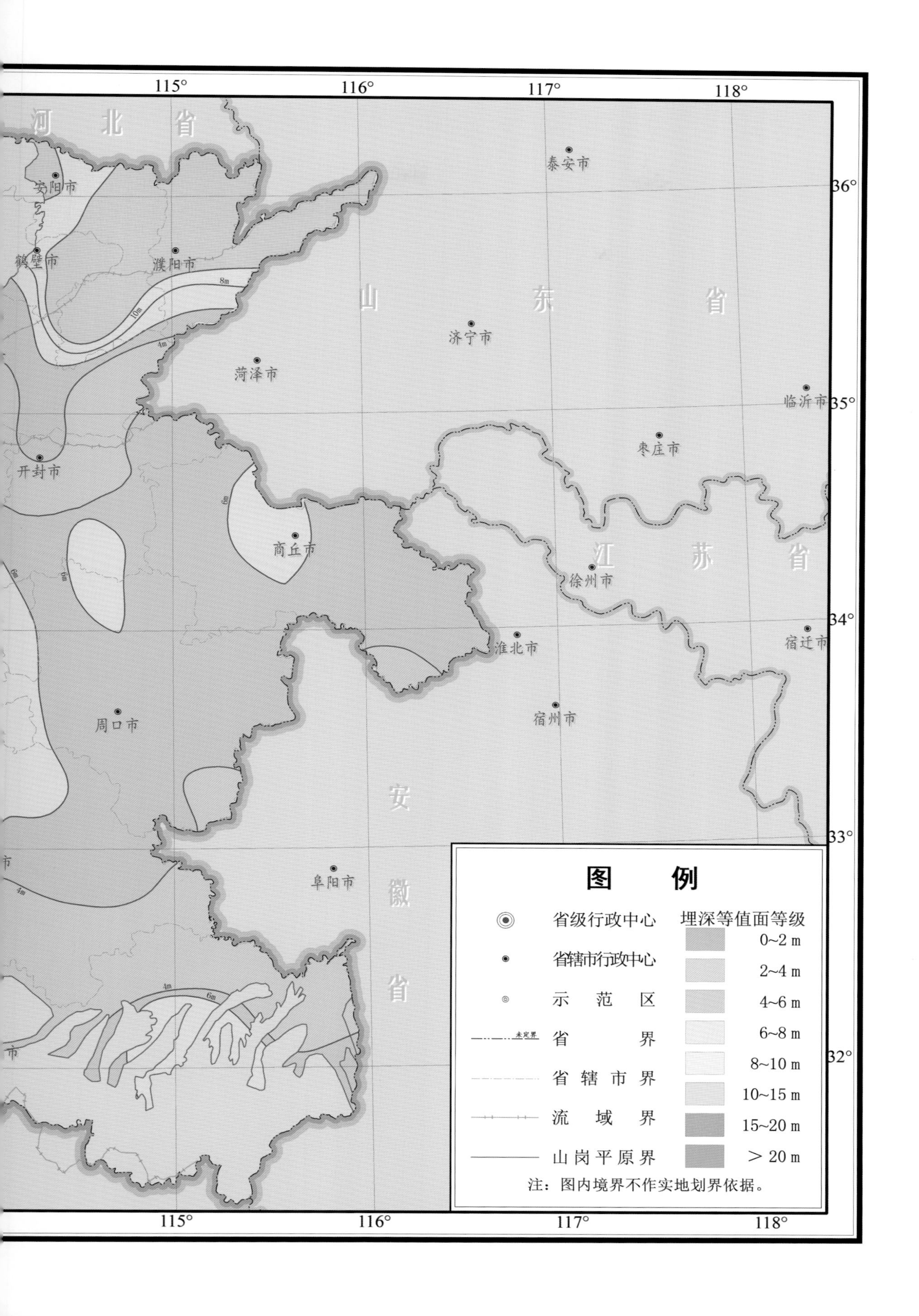

河北省
安阳市
鹤壁市
濮阳市
泰安市
山东省
济宁市
菏泽市
临沂市
枣庄市
开封市
商丘市
江苏省
徐州市
淮北市
宿迁市
周口市
宿州市
安徽省
阜阳市
115°
116°
117°
118°
36°
35°
34°
33°
32°
图例
省级行政中心
省辖市行政中心
示范区
未定界
省界
省辖市界
流域界
山岗平原界
埋深等值面等级
0~2 m
2~4 m
4~6 m
6~8 m
8~10 m
10~15 m
15~20 m
＞20 m
注：图内境界不作实地划界依据。

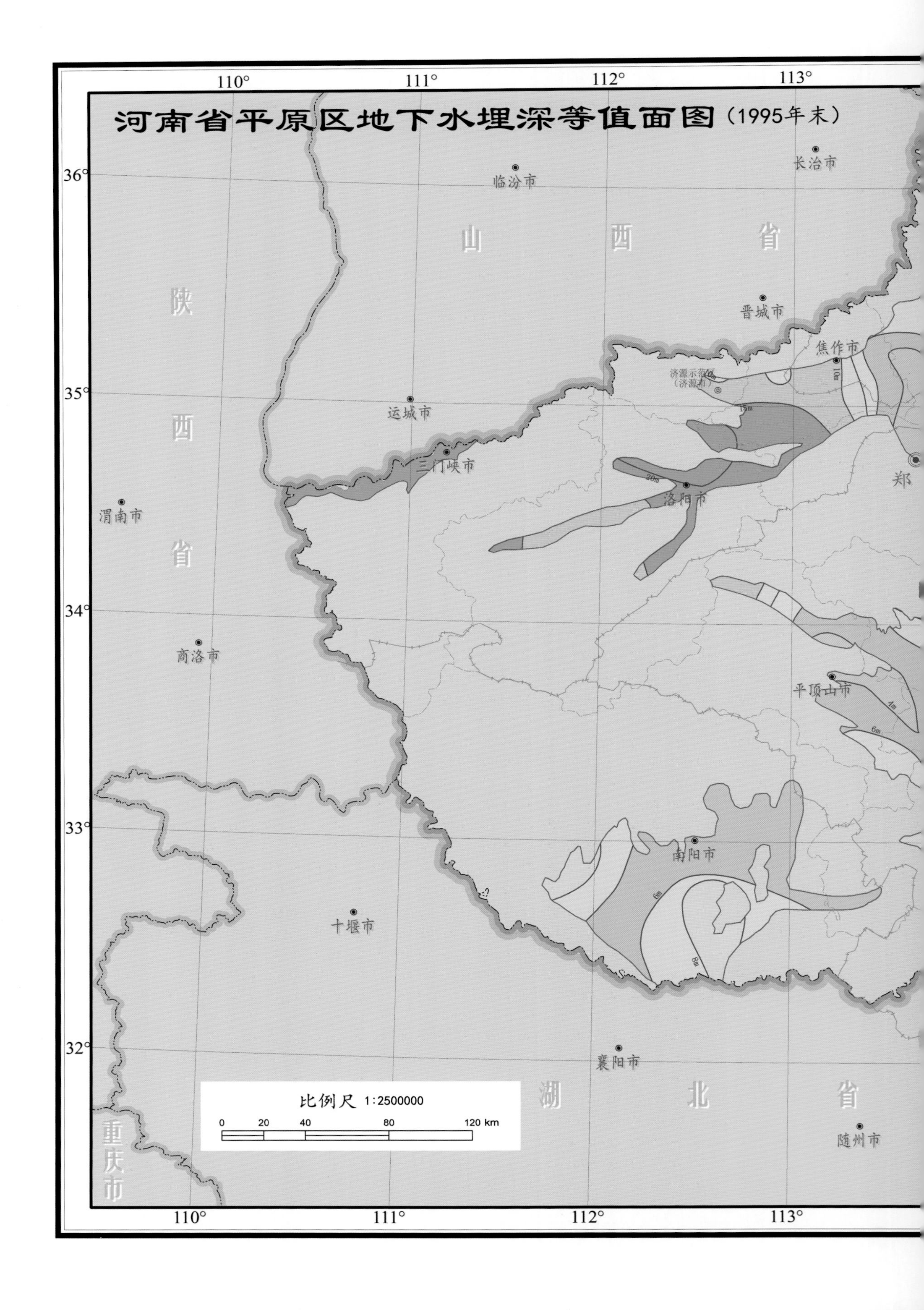

河南省平原区地下水埋深等值面图（1995年末）
110°
111°
112°
113°
36°
35°
34°
33°
32°
临汾市
长治市
山
西
省
陕
西
省
晋城市
焦作市
济源示范区
（济源市）
运城市
三门峡市
洛阳市
郑
渭南市
商洛市
平顶山市
南阳市
十堰市
襄阳市
湖
北
省
随州市
重庆市
比例尺 1:2500000
0
20
40
80
120 km

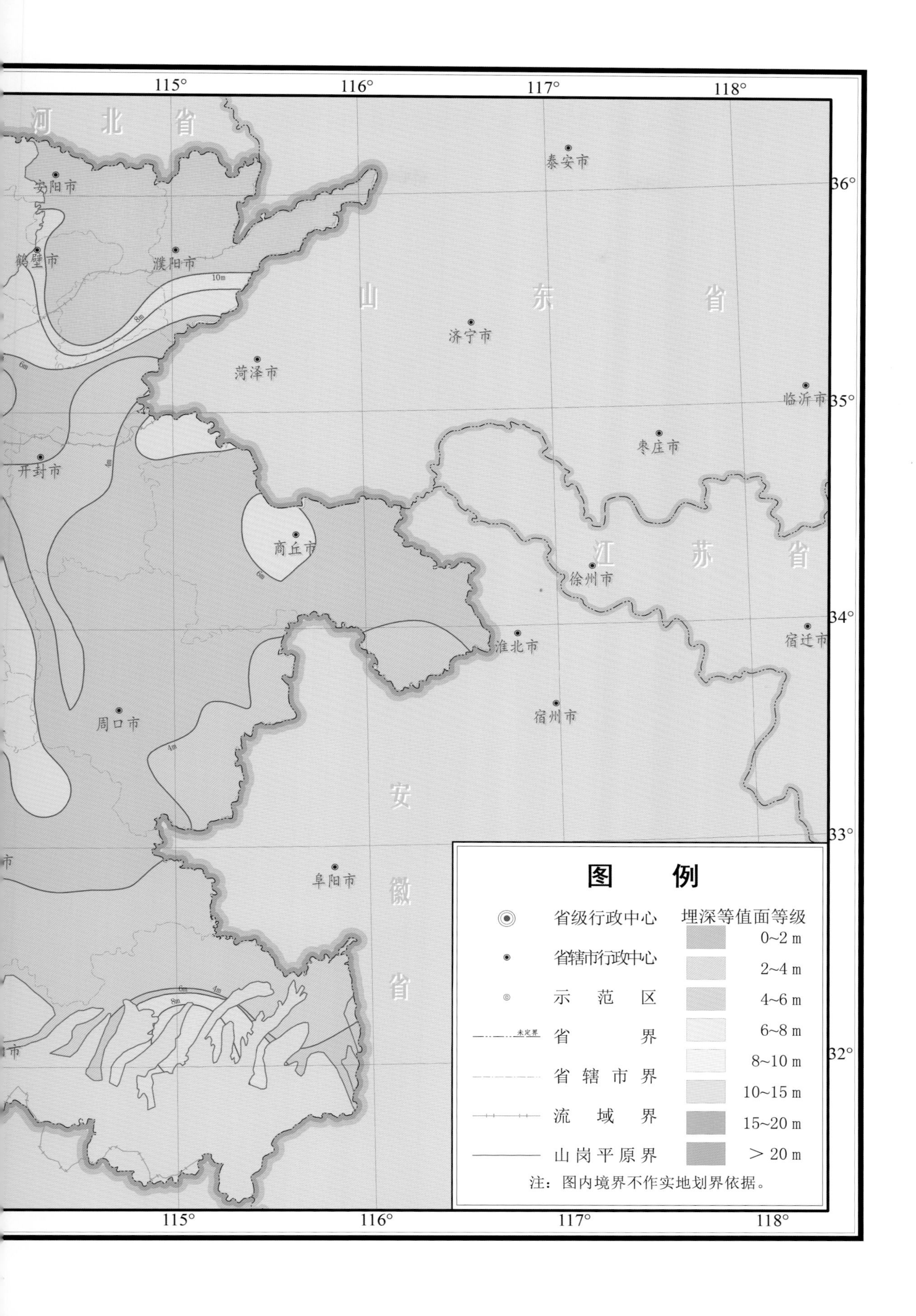

河北省
山东省
江苏省
安徽省
泰安市
安阳市
鹤壁市
濮阳市
济宁市
菏泽市
临沂市
枣庄市
开封市
商丘市
徐州市
淮北市
宿迁市
周口市
宿州市
阜阳市
115°
116°
117°
118°
36°
35°
34°
33°
32°
图例
省级行政中心
省辖市行政中心
示范区
省界
未定界
省辖市界
流域界
山岗平原界
埋深等值面等级
0~2 m
2~4 m
4~6 m
6~8 m
8~10 m
10~15 m
15~20 m
＞20 m
注：图内境界不作实地划界依据。

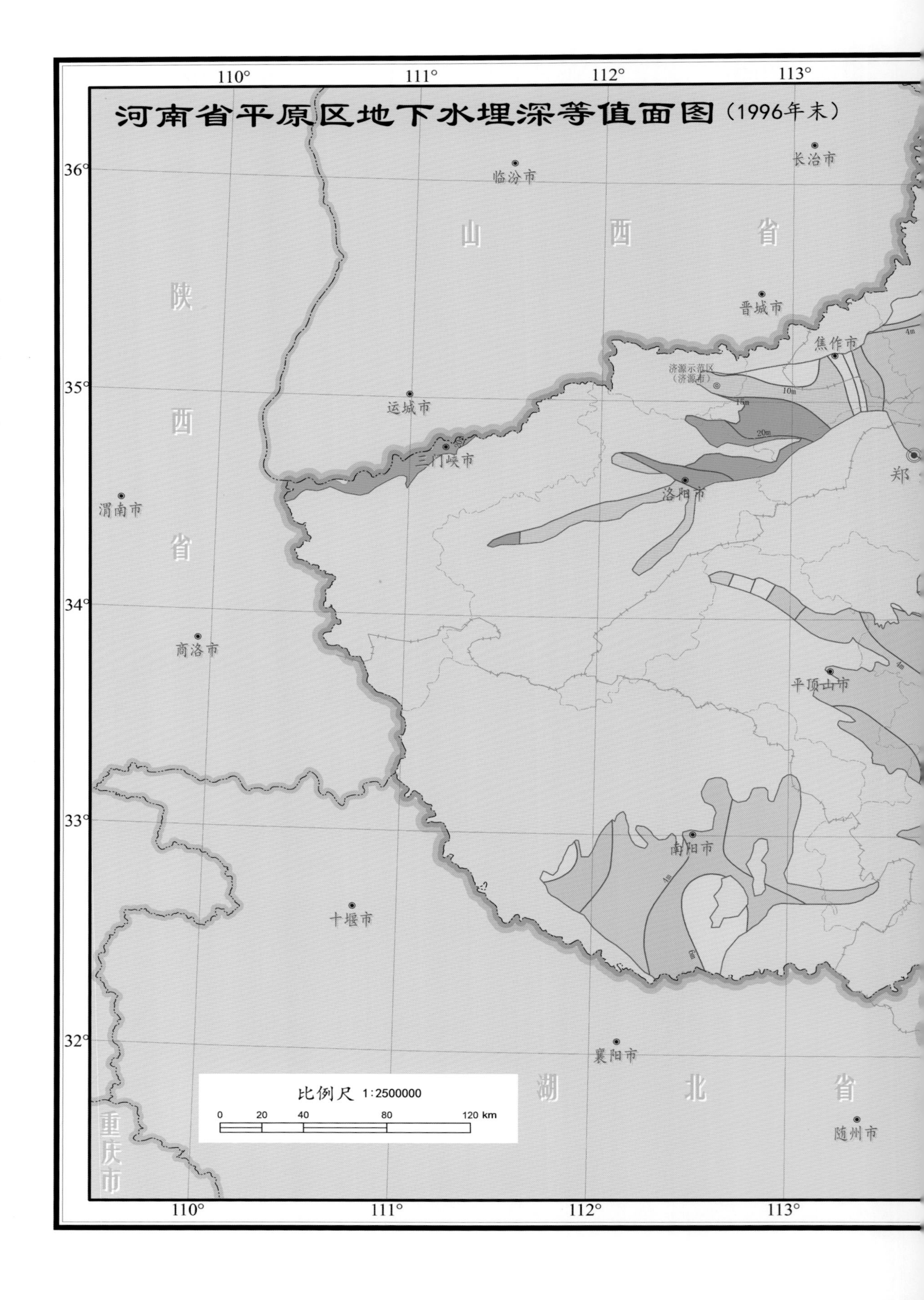
河南省平原区地下水埋深等值面图（1996年末）
110°
111°
112°
113°
36°
35°
34°
33°
32°
临汾市
长治市
山
西
省
陕
西
省
晋城市
焦作市
济源示范区
（济源市）
运城市
三门峡市
洛阳市
郑
渭南市
商洛市
平顶山市
南阳市
十堰市
襄阳市
湖
北
省
随州市
重庆市
比例尺 1:2500000
0
20
40
80
120 km
4m
10m
15m
20m
4m
6m

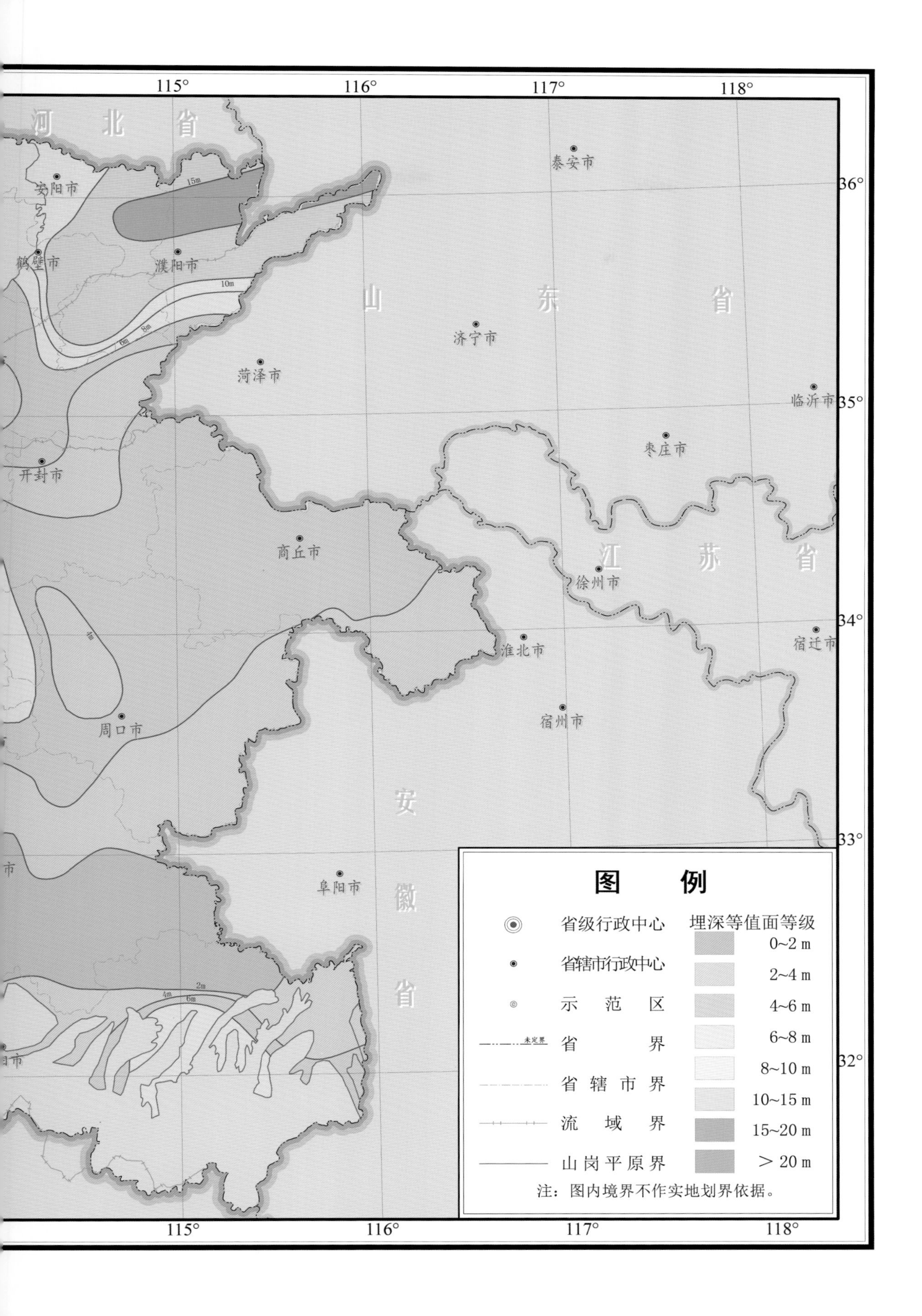

115°
116°
117°
118°
河北省
安阳市
鹤壁市
濮阳市
泰安市
山东省
济宁市
菏泽市
临沂市
枣庄市
开封市
商丘市
江苏省
徐州市
淮北市
宿迁市
宿州市
周口市
安徽省
阜阳市
36°
35°
34°
33°
32°
15m
10m
8m
6m
4m
2m
图例
省级行政中心
省辖市行政中心
示范区
未定界
省界
省辖市界
流域界
山岗平原界
埋深等值面等级
0~2 m
2~4 m
4~6 m
6~8 m
8~10 m
10~15 m
15~20 m
＞20 m
注：图内境界不作实地划界依据。

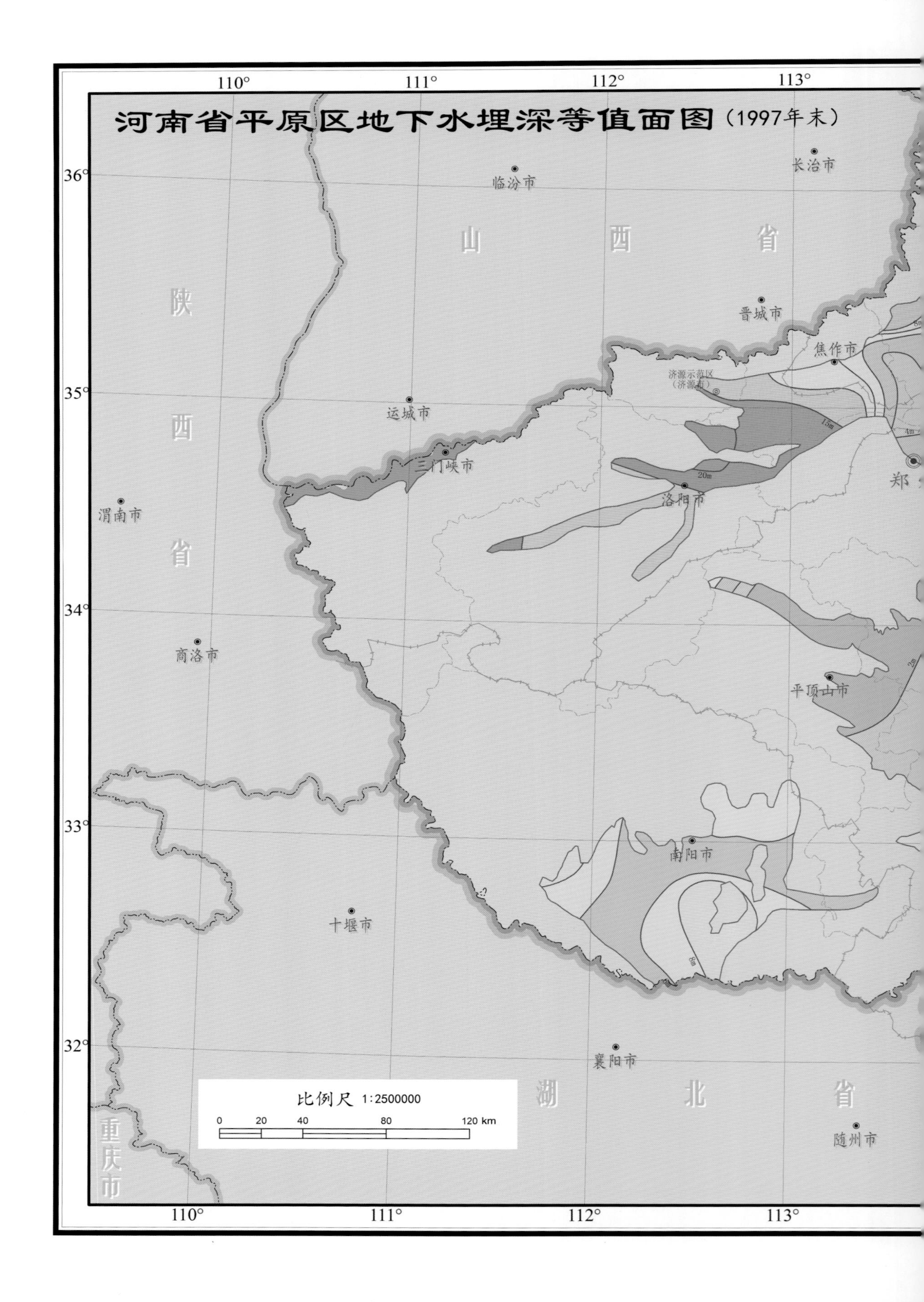

河南省平原区地下水埋深等值面图（1997年末）
110°
111°
112°
113°
36°
35°
34°
33°
32°
临汾市
长治市
山
西
省
陕
西
省
晋城市
焦作市
济源示范区
（济源市）
运城市
三门峡市
15m
4m
20m
洛阳市
郑
渭南市
商洛市
平顶山市
2m
南阳市
8m
十堰市
襄阳市
湖
北
省
随州市
重庆市
比例尺 1:2500000
0
20
40
80
120 km

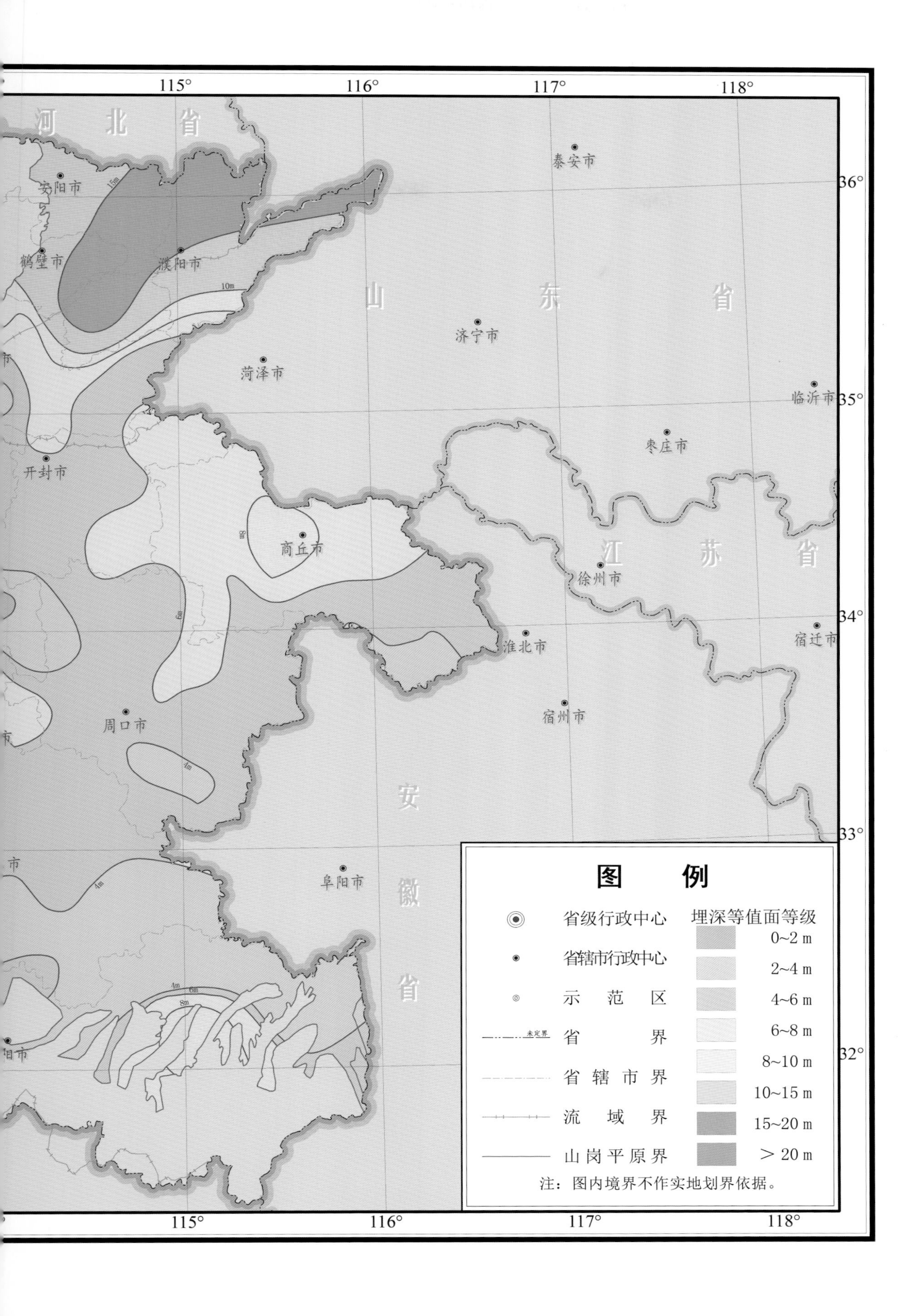

115°
116°
117°
118°
36°
35°
34°
33°
32°
河 北 省
山 东 省
江 苏 省
安 徽 省
泰安市
安阳市
鹤壁市
濮阳市
济宁市
菏泽市
临沂市
枣庄市
开封市
商丘市
徐州市
淮北市
宿迁市
宿州市
周口市
阜阳市
15m
10m
6m
4m
8m
图 例
省级行政中心
省辖市行政中心
示 范 区
未定界
省 界
省 辖 市 界
流 域 界
山 岗 平 原 界
埋深等值面等级
0~2 m
2~4 m
4~6 m
6~8 m
8~10 m
10~15 m
15~20 m
＞ 20 m
注：图内境界不作实地划界依据。

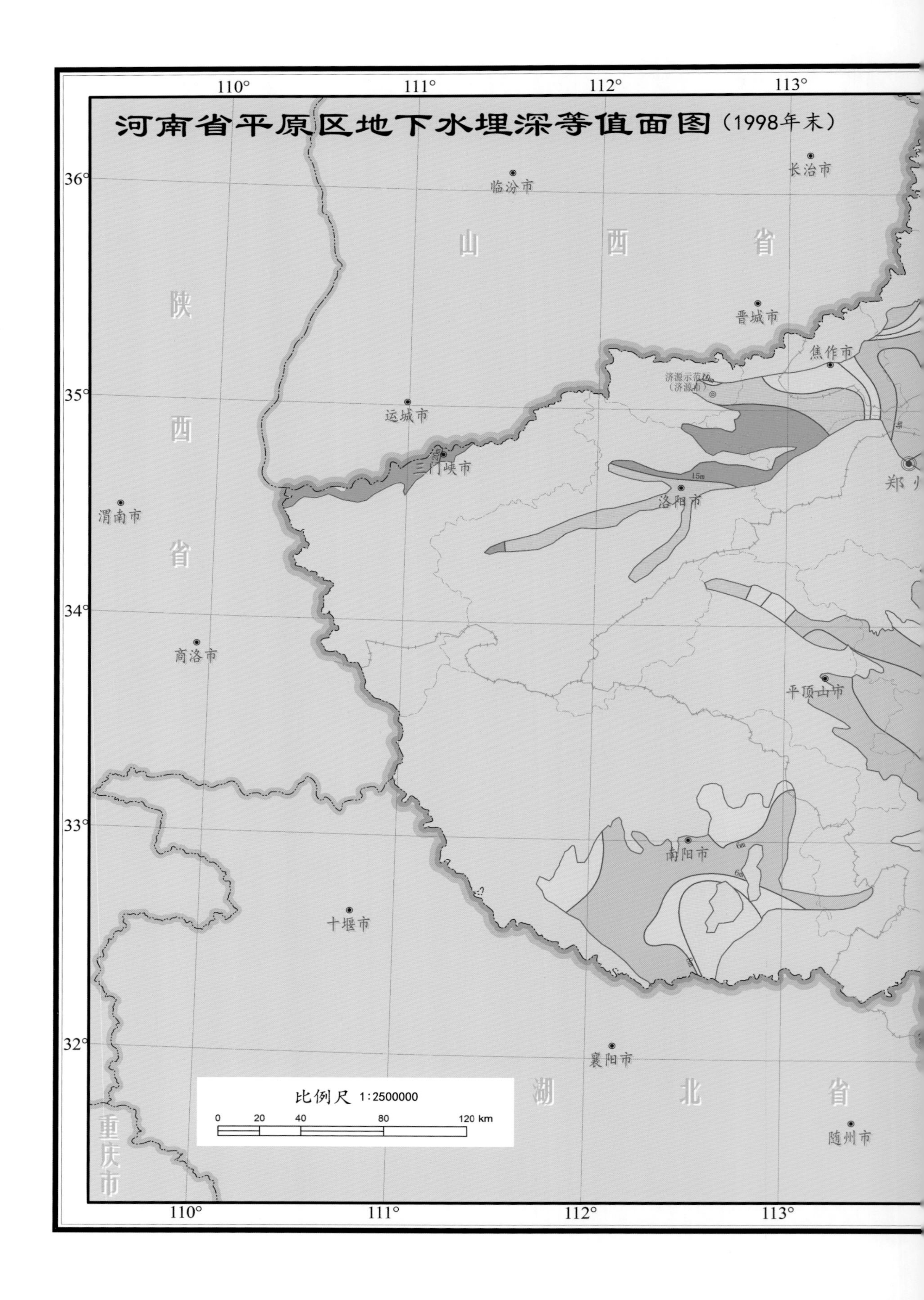

河南省平原区地下水埋深等值面图（1998年末）
110°
111°
112°
113°
36°
35°
34°
33°
32°
临汾市
长治市
山
西
省
陕
西
省
晋城市
焦作市
济源示范区
（济源市）
运城市
三门峡市
15m
洛阳市
郑州
渭南市
商洛市
平顶山市
南阳市
6m
十堰市
襄阳市
湖
北
省
随州市
重庆市
比例尺 1:2500000
0
20
40
80
120 km

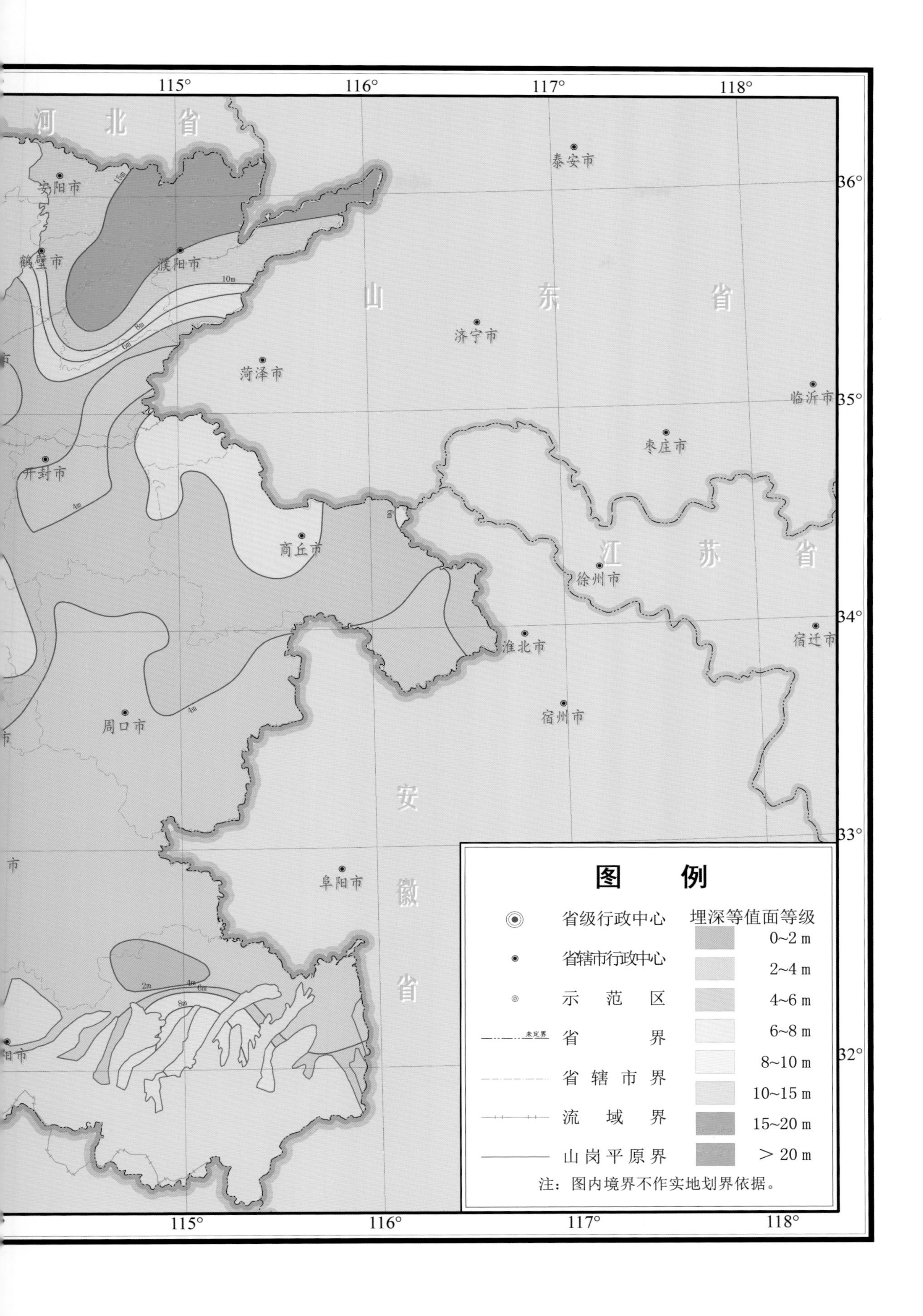

115°
116°
117°
118°
36°
35°
34°
33°
32°
河北省
山东省
江苏省
安徽省
安阳市
鹤壁市
濮阳市
泰安市
济宁市
菏泽市
临沂市
枣庄市
开封市
商丘市
徐州市
淮北市
宿迁市
宿州市
周口市
阜阳市
15m
10m
8m
6m
4m
2m
图例
省级行政中心
省辖市行政中心
示范区
未定界
省界
省辖市界
流域界
山岗平原界
埋深等值面等级
0~2 m
2~4 m
4~6 m
6~8 m
8~10 m
10~15 m
15~20 m
＞20 m
注：图内境界不作实地划界依据。

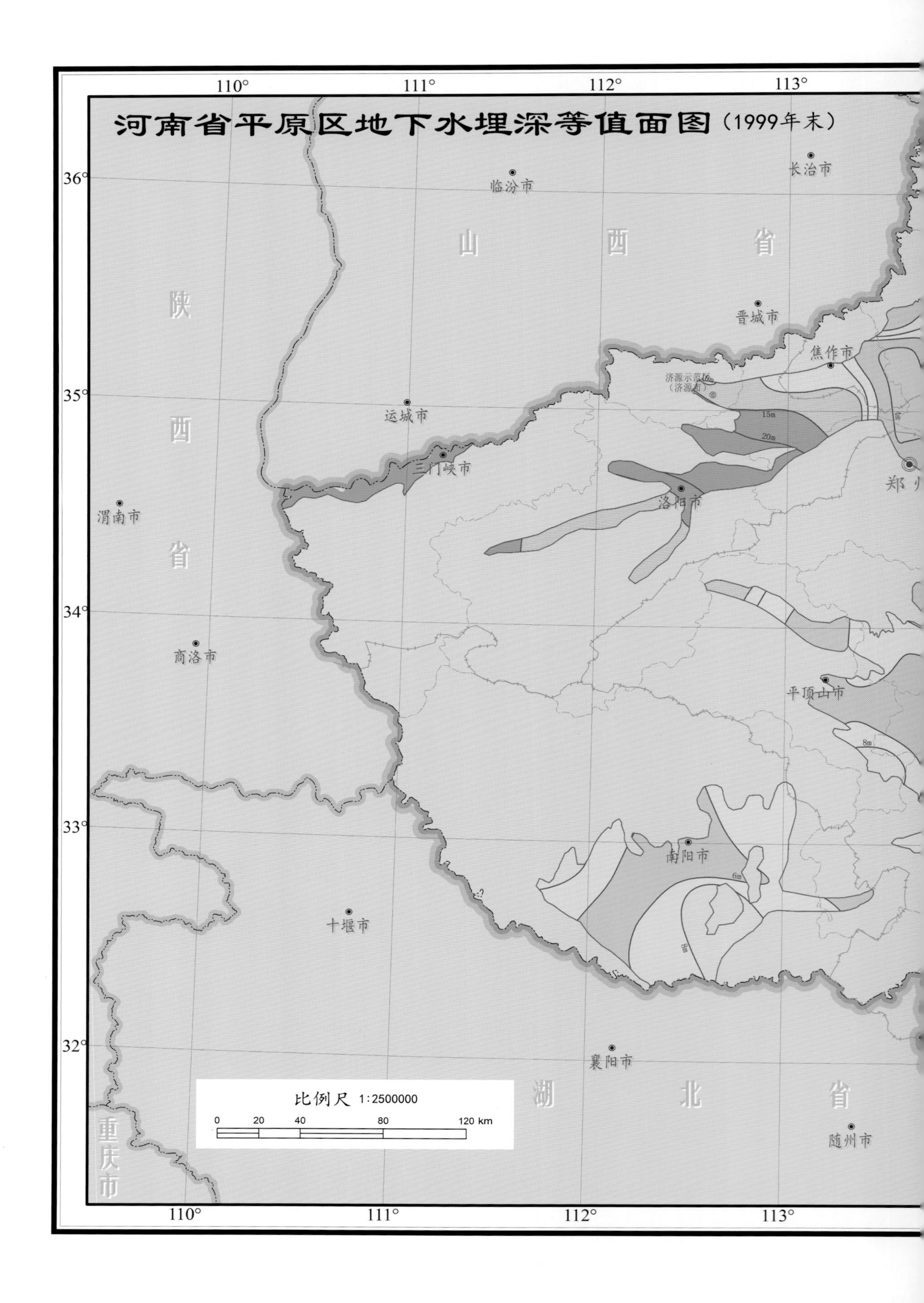

河南省平原区地下水埋深等值面图（1999年末）
110°
111°
112°
113°
36°
35°
34°
33°
32°
临汾市
长治市
山
西
省
陕
西
省
晋城市
焦作市
济源示范区
（济源市）
运城市
15m
20m
三门峡市
郑州
渭南市
洛阳市
商洛市
平顶山市
8m
南阳市
6m
8m
十堰市
襄阳市
比例尺 1:2500000
0
20
40
80
120 km
湖
北
省
随州市
重庆市

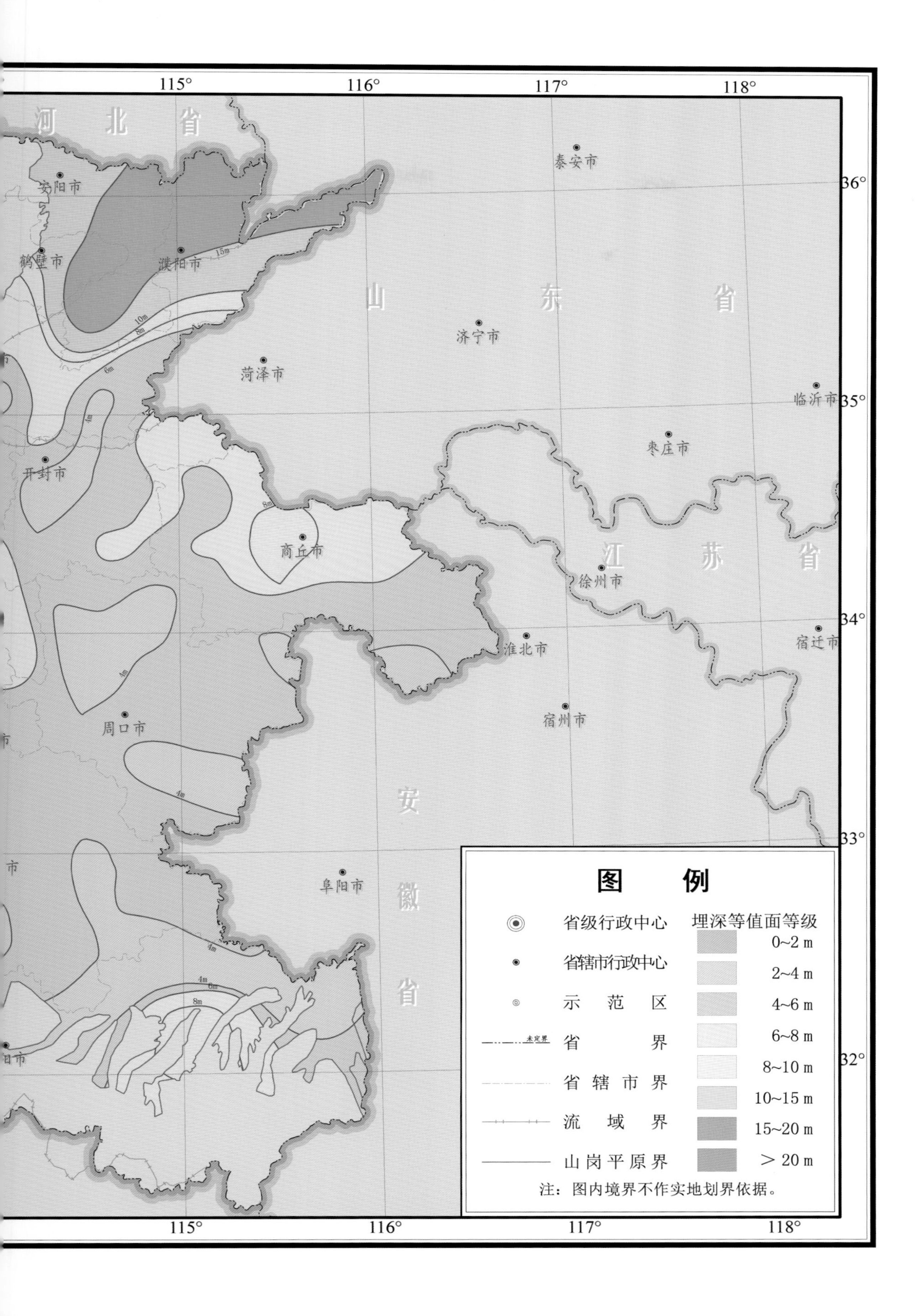

115°
116°
117°
118°
36°
35°
34°
33°
32°
河北省
山东省
江苏省
安徽省
泰安市
安阳市
鹤壁市
濮阳市
济宁市
菏泽市
临沂市
枣庄市
开封市
商丘市
徐州市
淮北市
宿迁市
宿州市
周口市
阜阳市
15m
10m
8m
6m
4m
图例
省级行政中心
省辖市行政中心
示范区
未定界
省界
省辖市界
流域界
山岗平原界
埋深等值面等级
0~2 m
2~4 m
4~6 m
6~8 m
8~10 m
10~15 m
15~20 m
＞20 m
注：图内境界不作实地划界依据。

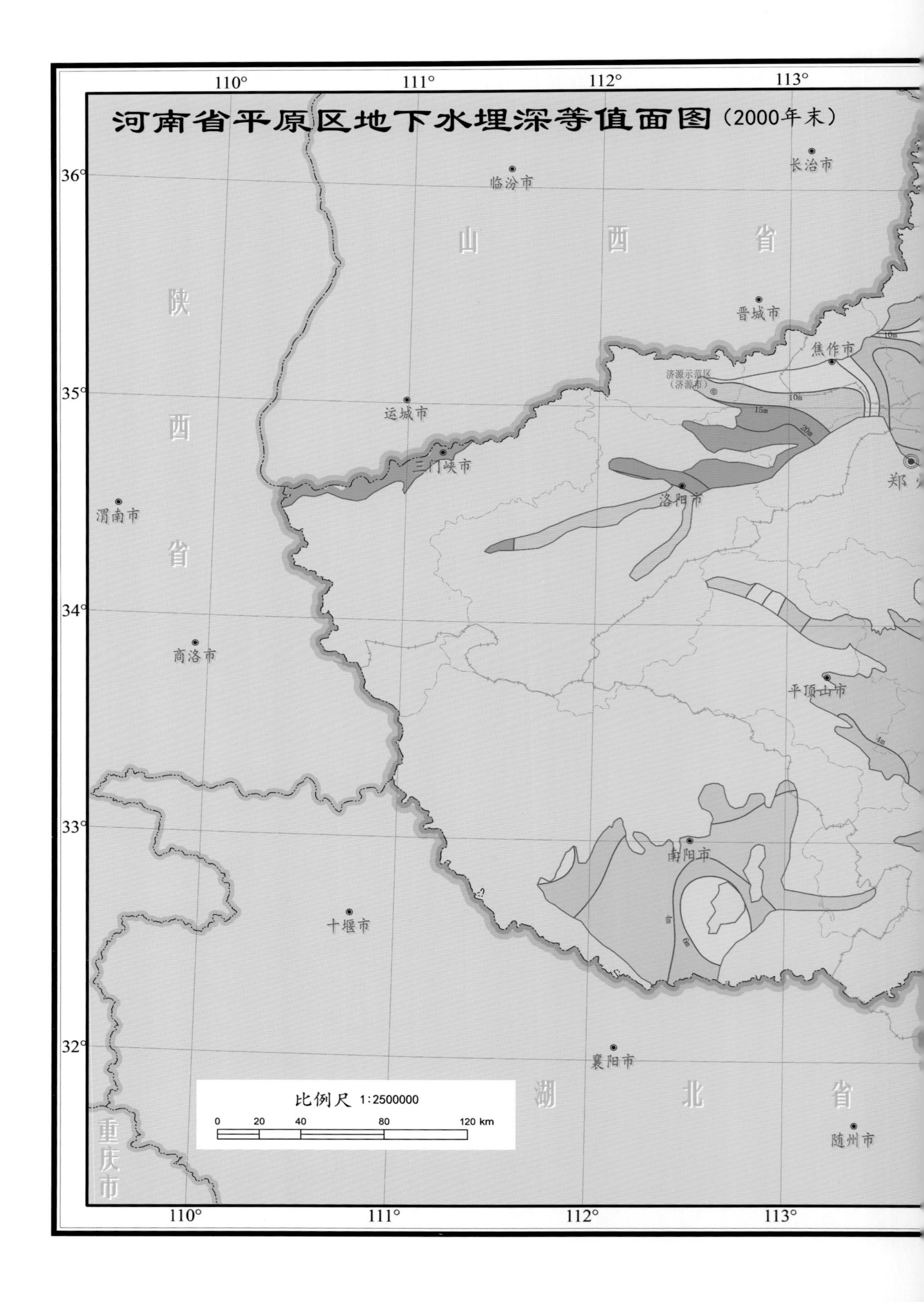

河南省平原区地下水埋深等值面图（2000年末）
110°
111°
112°
113°
36°
35°
34°
33°
32°
临汾市
长治市
山
西
省
陕
西
省
晋城市
焦作市
济源示范区
（济源市）
运城市
三门峡市
洛阳市
郑
渭南市
商洛市
平顶山市
南阳市
十堰市
襄阳市
湖
北
省
随州市
重
庆
市
10m
15m
20m
比例尺 1:2500000
0
20
40
80
120 km

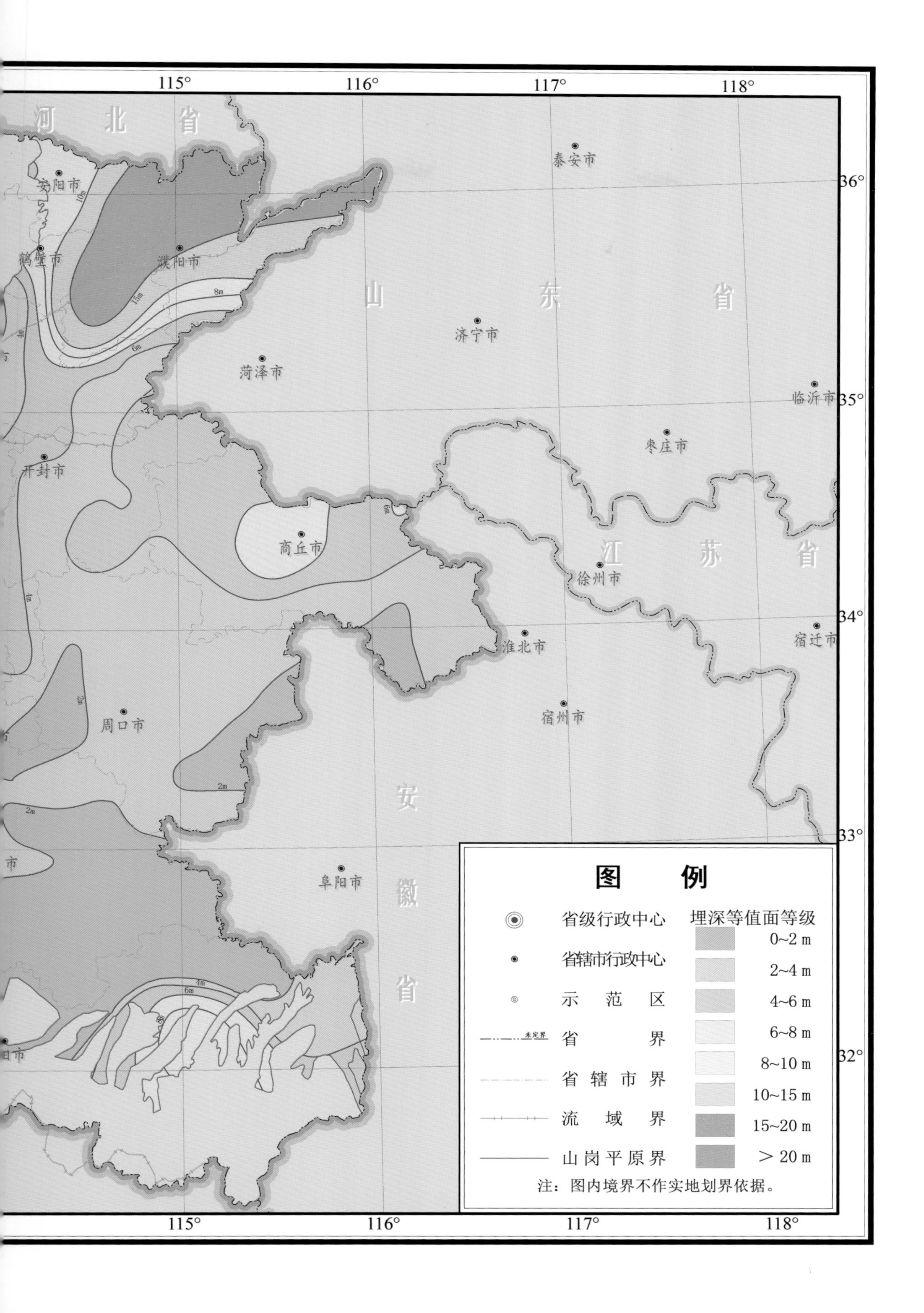
115°
116°
117°
118°
36°
35°
34°
33°
32°
河北省
山东省
江苏省
安徽省
安阳市
鹤壁市
濮阳市
泰安市
济宁市
菏泽市
临沂市
枣庄市
开封市
商丘市
徐州市
淮北市
宿迁市
宿州市
周口市
阜阳市
10m
8m
15m
6m
2m
4m
图例
省级行政中心
省辖市行政中心
示范区
省界
未定界
省辖市界
流域界
山岗平原界
埋深等值面等级
0~2 m
2~4 m
4~6 m
6~8 m
8~10 m
10~15 m
15~20 m
＞20 m
注：图内境界不作实地划界依据。

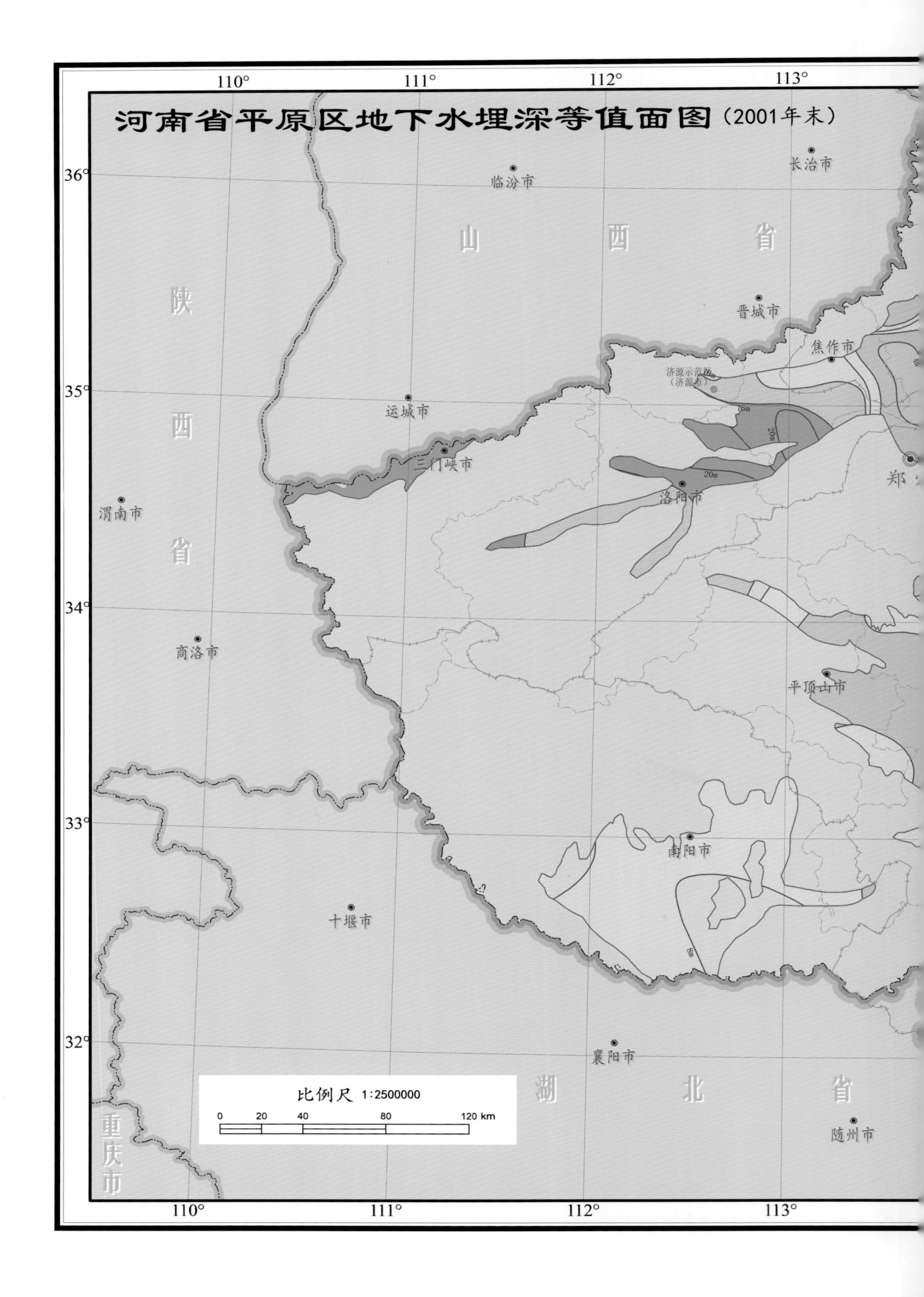
河南省平原区地下水埋深等值面图（2001年末）
110°
111°
112°
113°
36°
35°
34°
33°
32°
临汾市
长治市
山
西
省
陕
西
省
晋城市
焦作市
济源示范区
（济源市）
运城市
三门峡市
洛阳市
郑
渭南市
商洛市
平顶山市
南阳市
十堰市
襄阳市
随州市
湖
北
省
重
庆
市
15m
20m
20m
8m
比例尺 1:2500000
0
20
40
80
120 km

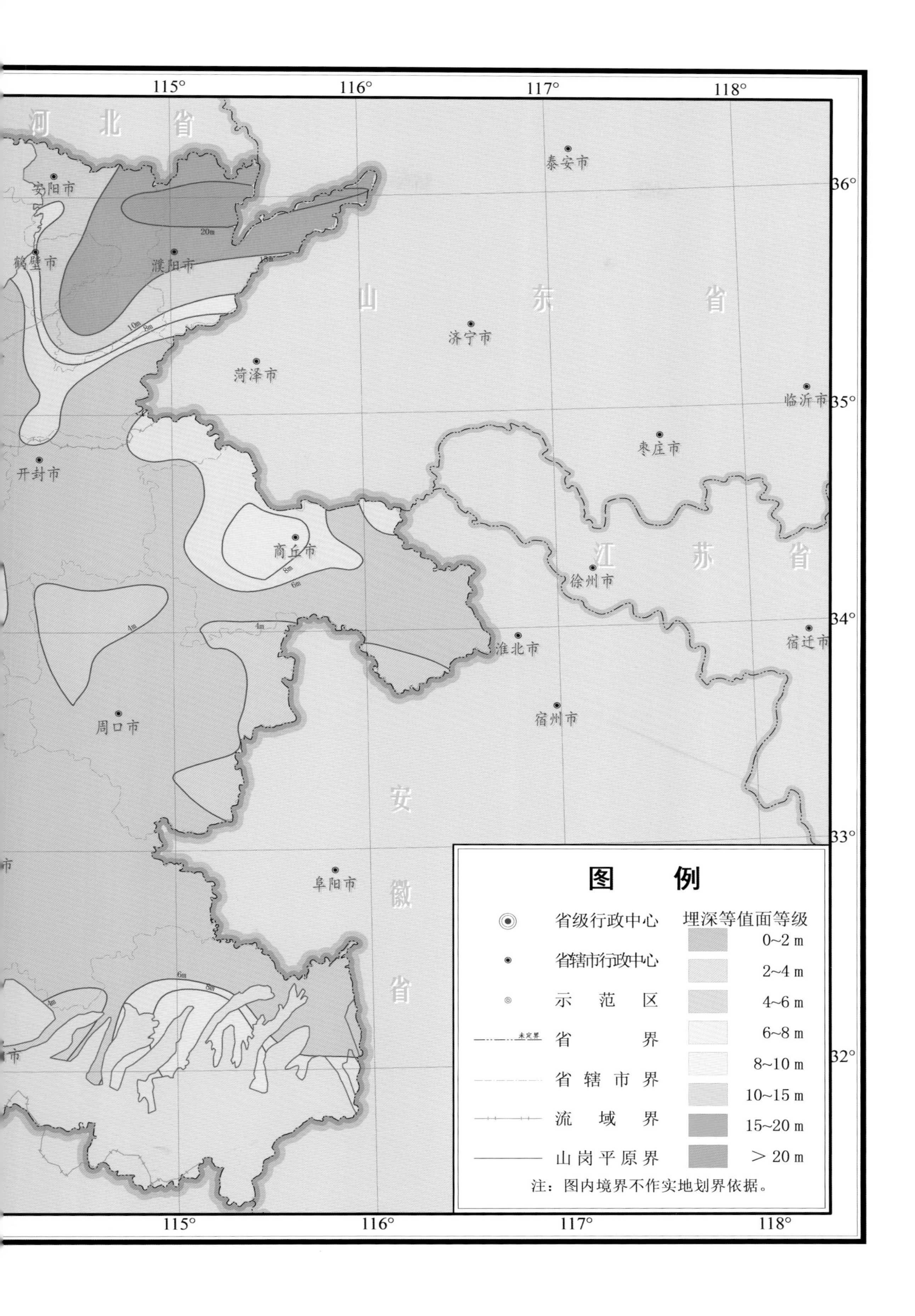

河北省
山东省
江苏省
安徽省
泰安市
安阳市
鹤壁市
濮阳市
济宁市
菏泽市
临沂市
枣庄市
开封市
商丘市
徐州市
淮北市
宿迁市
周口市
宿州市
阜阳市
20m
15m
10m
8m
6m
4m
115°
116°
117°
118°
36°
35°
34°
33°
32°
图 例
省级行政中心
省辖市行政中心
示范区
省界
未定界
省辖市界
流域界
山岗平原界
埋深等值面等级
0~2 m
2~4 m
4~6 m
6~8 m
8~10 m
10~15 m
15~20 m
＞20 m
注：图内境界不作实地划界依据。

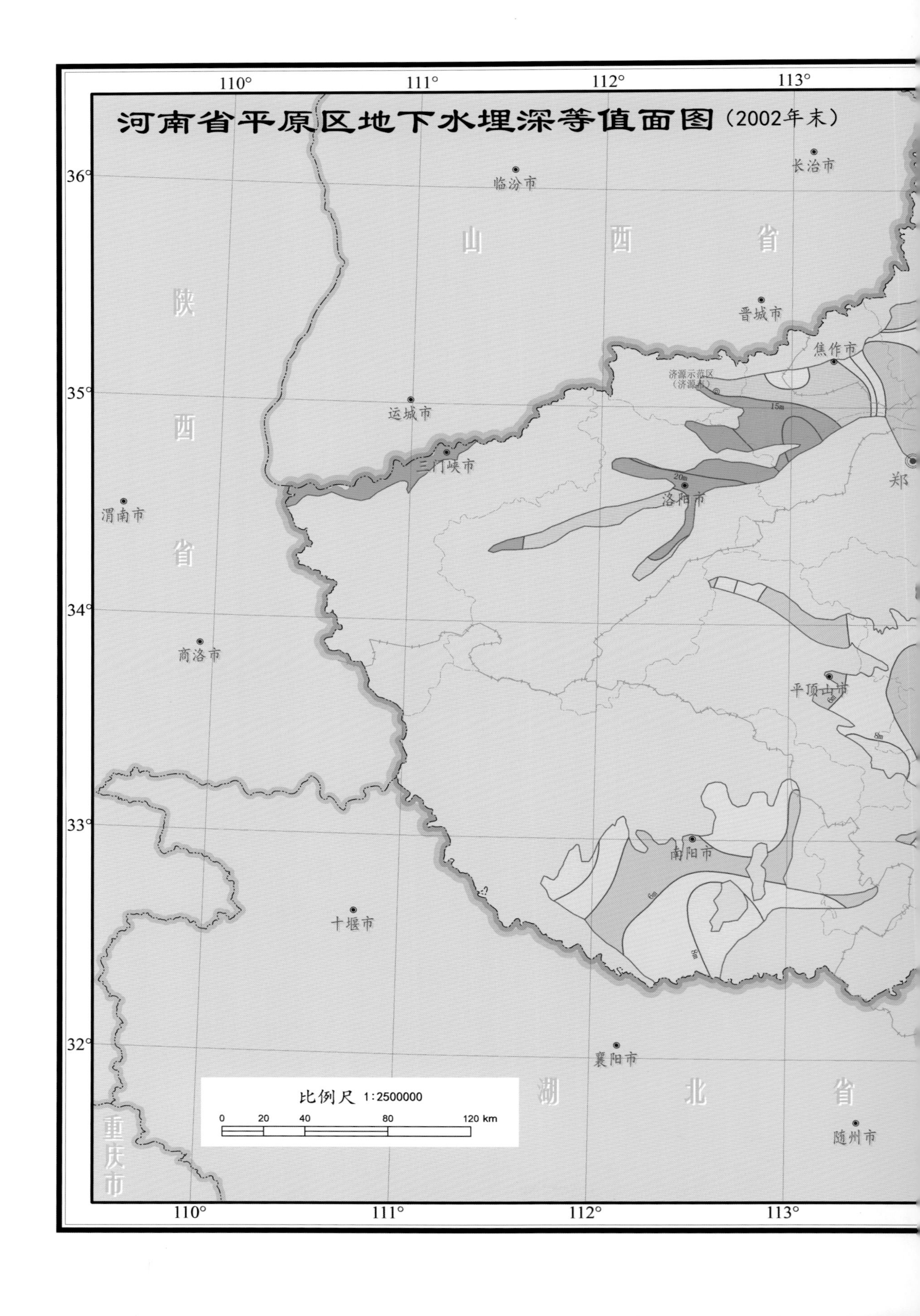

河南省平原区地下水埋深等值面图（2002年末）
110°
111°
112°
113°
36°
35°
34°
33°
32°
临汾市
长治市
山
西
省
陕
西
省
晋城市
焦作市
济源示范区
（济源市）
15m
运城市
三门峡市
20m
洛阳市
郑
渭南市
商洛市
平顶山市
6m
8m
南阳市
6m
8m
十堰市
襄阳市
湖
北
省
随州市
重
庆
市
比例尺 1:2500000
0
20
40
80
120 km

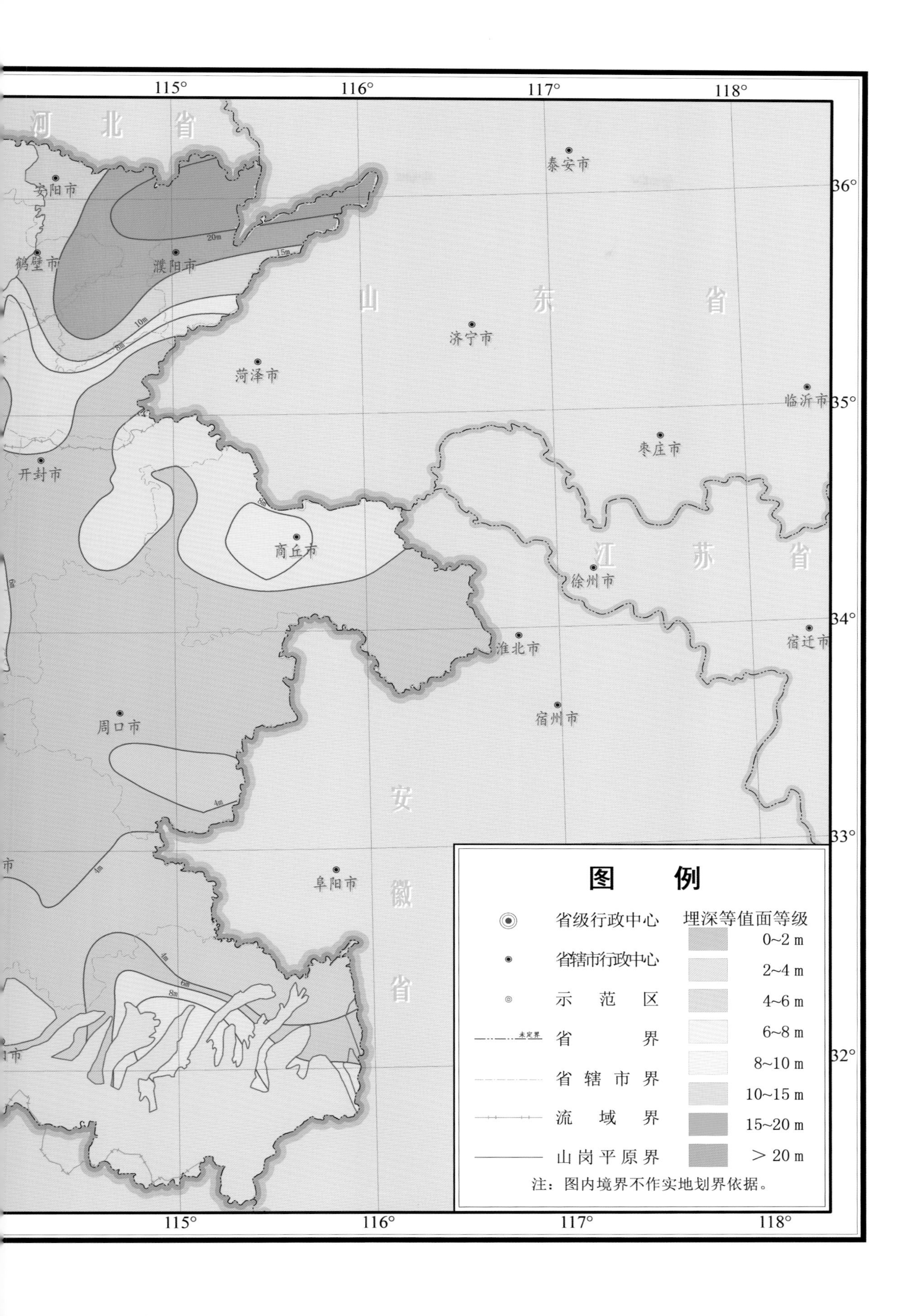

河北省
山东省
江苏省
安徽省
安阳市
鹤壁市
濮阳市
泰安市
济宁市
菏泽市
临沂市
枣庄市
开封市
商丘市
徐州市
淮北市
宿迁市
宿州市
周口市
阜阳市
20m
15m
10m
8m
6m
4m
115°
116°
117°
118°
36°
35°
34°
33°
32°
图例
省级行政中心
省辖市行政中心
示范区
未定界
省界
省辖市界
流域界
山岗平原界
埋深等值面等级
0~2 m
2~4 m
4~6 m
6~8 m
8~10 m
10~15 m
15~20 m
＞20 m
注：图内境界不作实地划界依据。

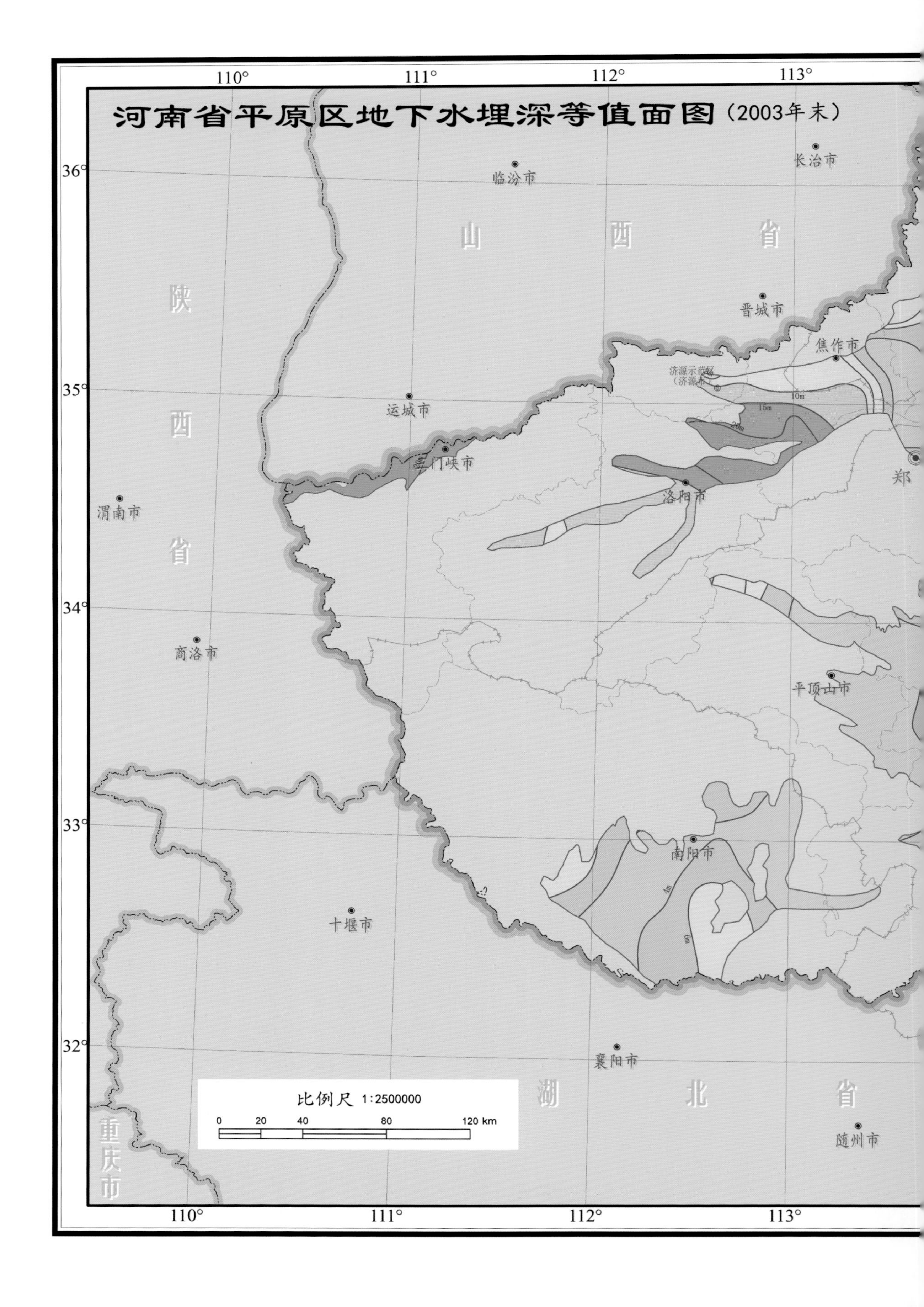

河南省平原区地下水埋深等值面图（2003年末）
110°
111°
112°
113°
36°
35°
34°
33°
32°
临汾市
长治市
山
西
省
陕
西
省
晋城市
焦作市
济源示范区
（济源市）
10m
15m
20m
运城市
三门峡市
郑
洛阳市
渭南市
商洛市
平顶山市
南阳市
十堰市
襄阳市
湖
北
省
随州市
重庆市
比例尺 1:2500000
0
20
40
80
120 km

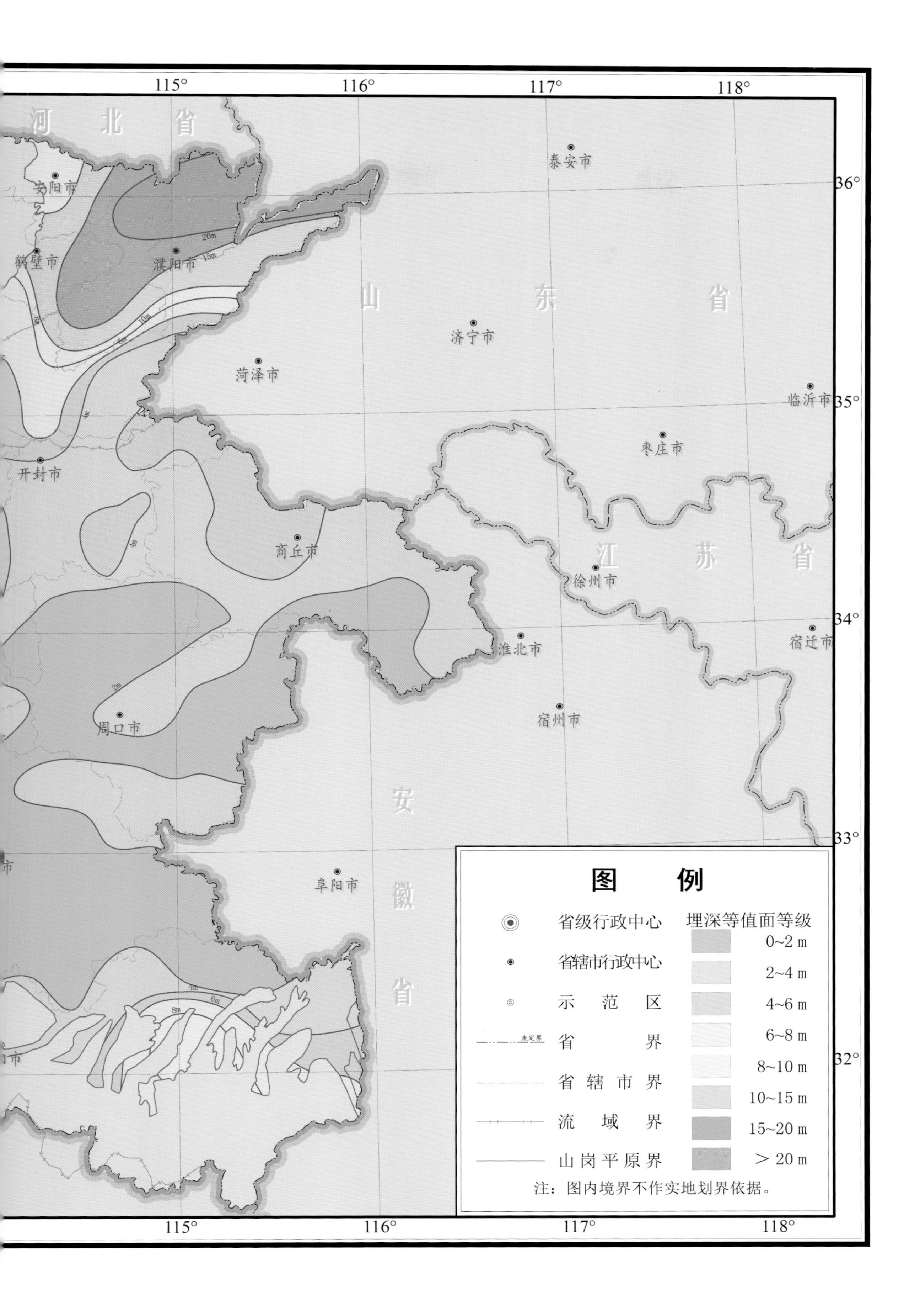

115°
116°
117°
118°
36°
35°
34°
33°
32°
河北省
山东省
江苏省
安徽省
安阳市
鹤壁市
濮阳市
泰安市
济宁市
菏泽市
临沂市
枣庄市
开封市
商丘市
徐州市
淮北市
宿迁市
周口市
宿州市
阜阳市
20m
15m
10m
6m
4m
2m
8m
图例
省级行政中心
省辖市行政中心
示范区
未定界
省界
省辖市界
流域界
山岗平原界
埋深等值面等级
0~2 m
2~4 m
4~6 m
6~8 m
8~10 m
10~15 m
15~20 m
＞20 m
注：图内境界不作实地划界依据。

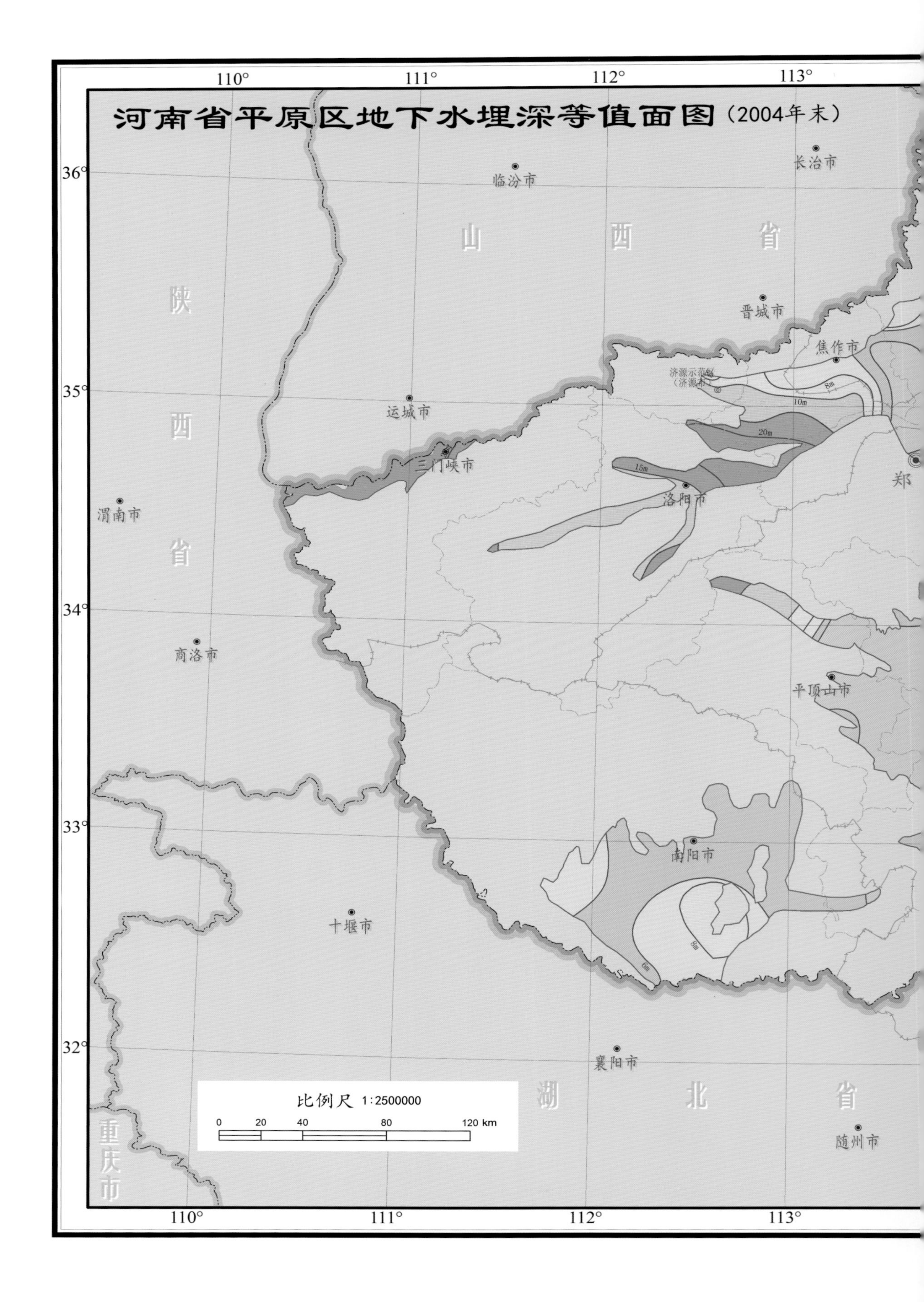
河南省平原区地下水埋深等值面图（2004年末）
110°
111°
112°
113°
36°
35°
34°
33°
32°
临汾市
长治市
山
西
省
陕
西
省
晋城市
焦作市
济源示范区
（济源市）
8m
10m
20m
15m
运城市
三门峡市
洛阳市
郑
渭南市
商洛市
平顶山市
南阳市
8m
6m
十堰市
襄阳市
湖
北
省
随州市
重庆市
比例尺 1:2500000
0
20
40
80
120 km

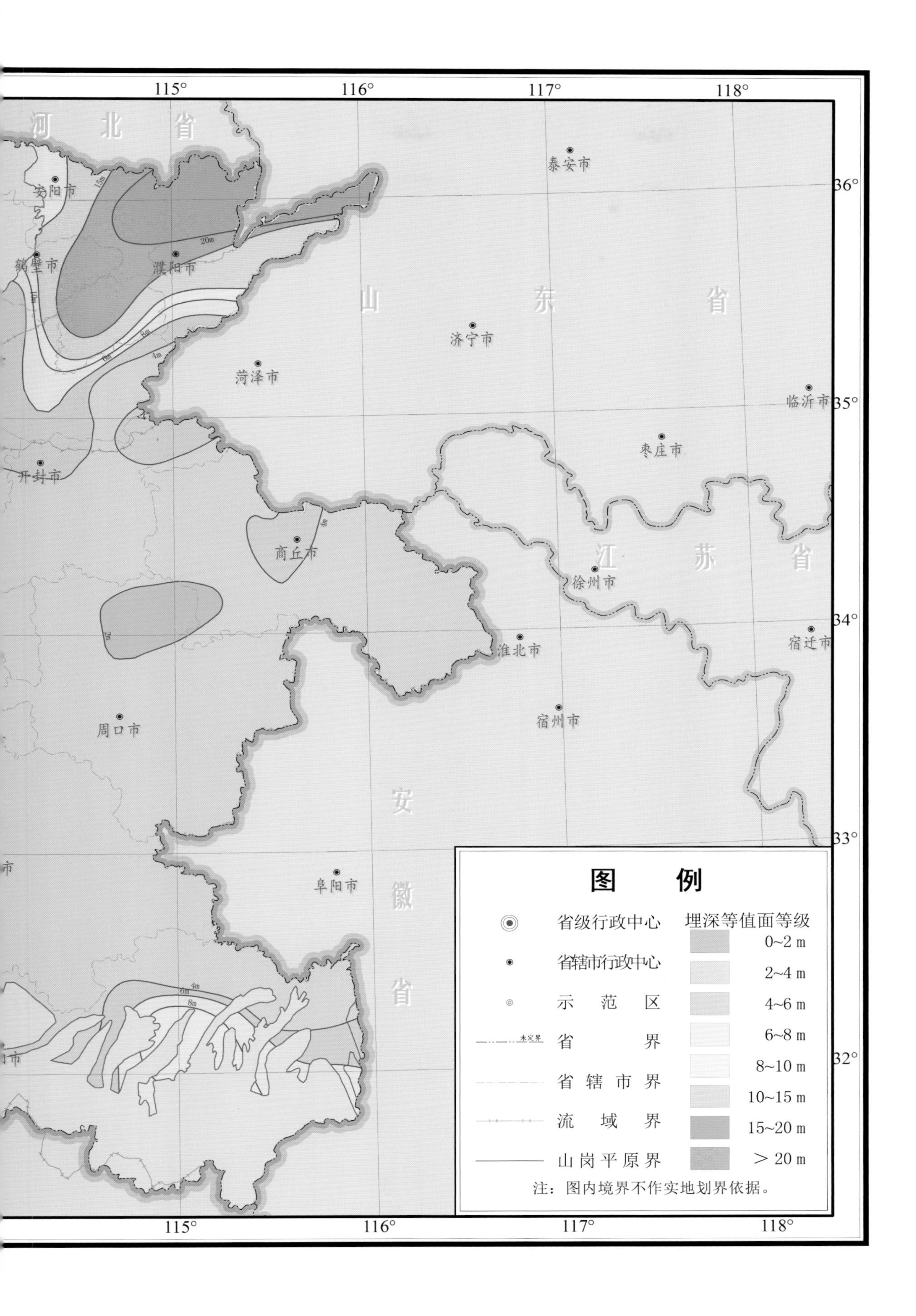

115°
116°
117°
118°
36°
35°
34°
33°
32°
河 北 省
山 东 省
江 苏 省
安 徽 省
泰安市
安阳市
鹤壁市
濮阳市
济宁市
菏泽市
临沂市
枣庄市
开封市
商丘市
徐州市
淮北市
宿迁市
宿州市
周口市
阜阳市
15m
20m
8m
6m
4m
2m
图 例
省级行政中心
省辖市行政中心
示 范 区
未定界
省 界
省 辖 市 界
流 域 界
山 岗 平 原 界
埋深等值面等级
0~2 m
2~4 m
4~6 m
6~8 m
8~10 m
10~15 m
15~20 m
> 20 m
注：图内境界不作实地划界依据。

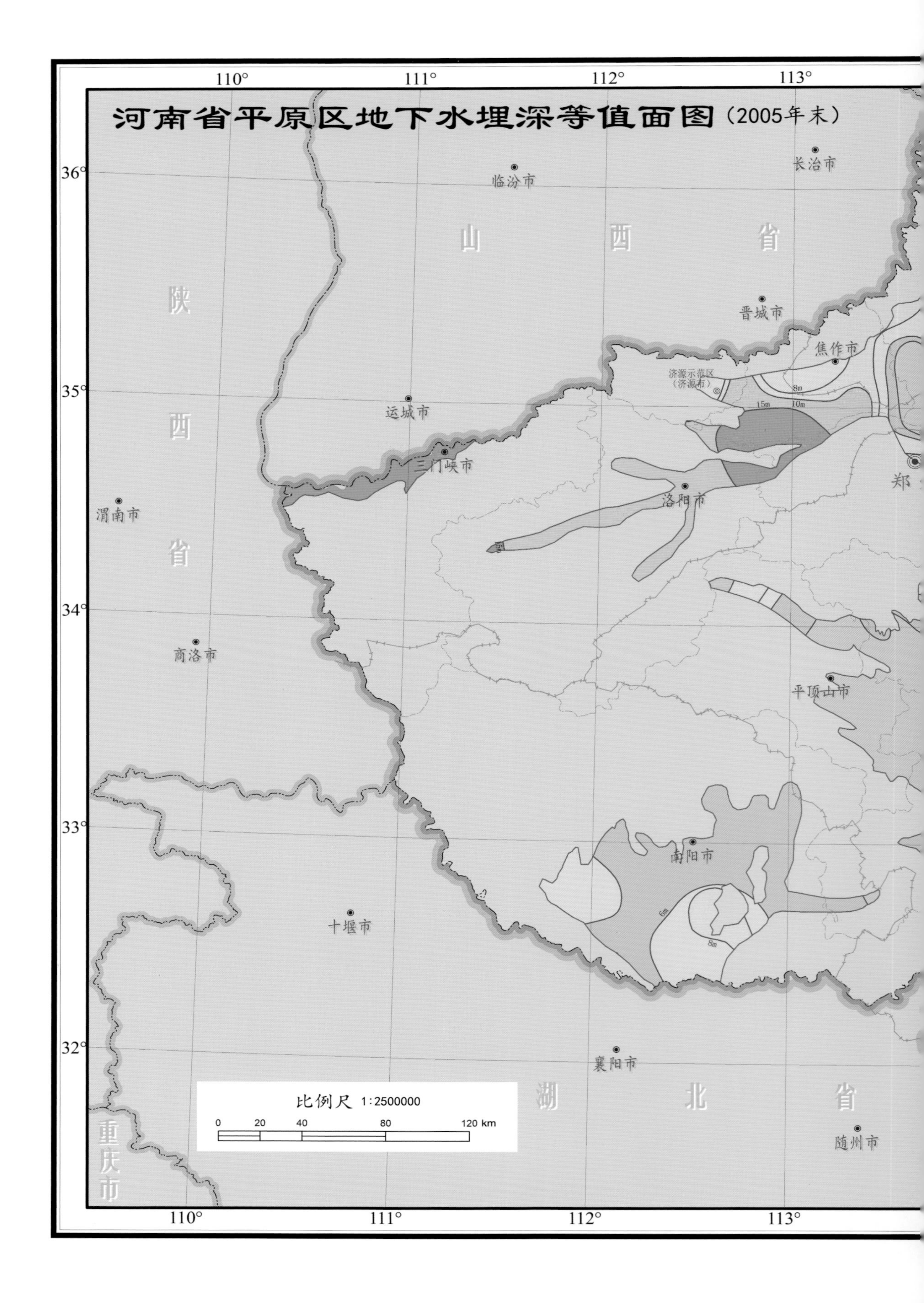
河南省平原区地下水埋深等值面图（2005年末）
110°
111°
112°
113°
36°
35°
34°
33°
32°
临汾市
长治市
山
西
省
陕
西
省
晋城市
焦作市
济源示范区
（济源市）
8m
15m
10m
运城市
三门峡市
郑
渭南市
洛阳市
商洛市
平顶山市
南阳市
6m
8m
十堰市
襄阳市
湖
北
省
比例尺 1:2500000
0
20
40
80
120 km
随州市
重
庆
市

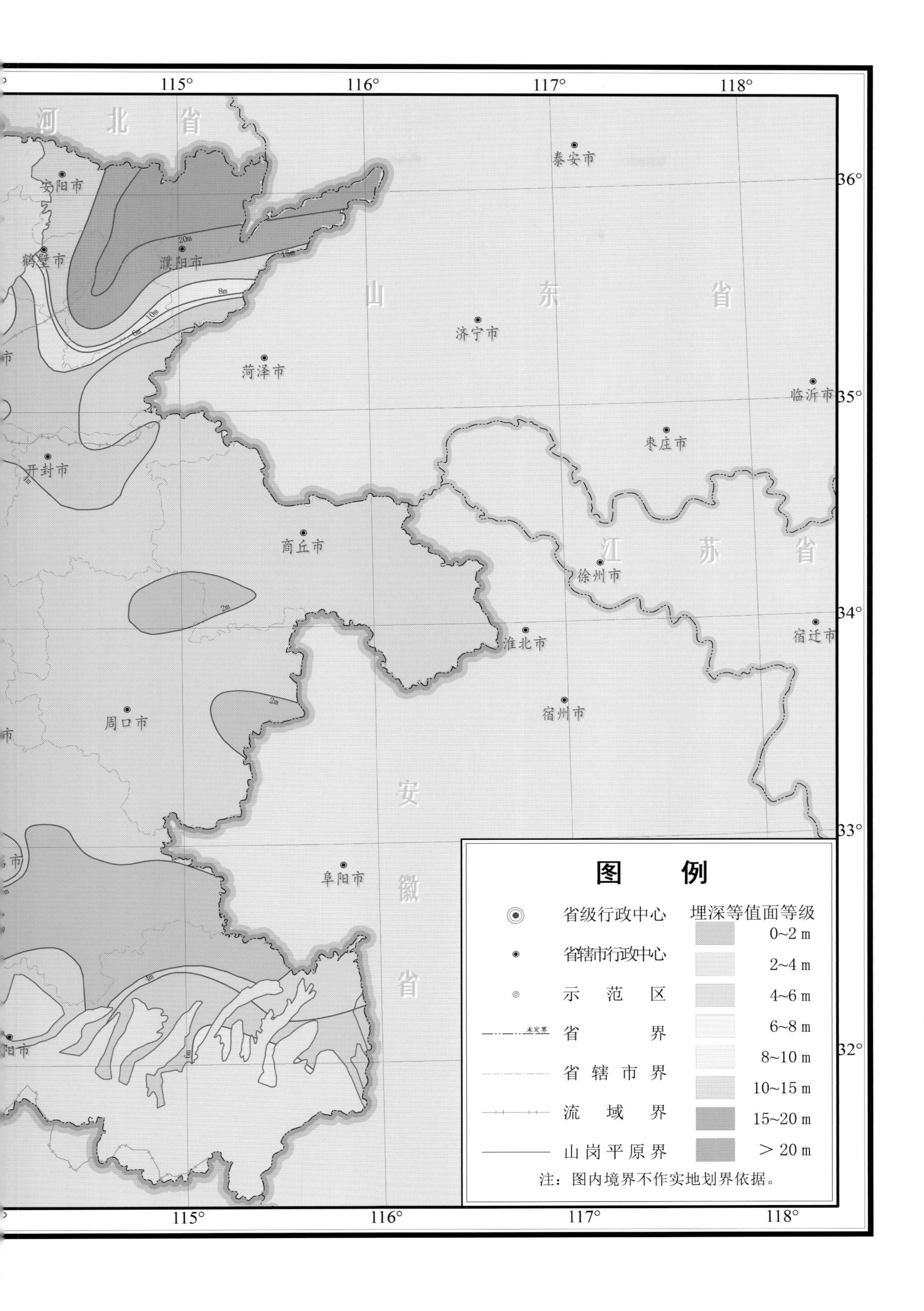

115°
116°
117°
118°
36°
35°
34°
33°
32°
河北省
山东省
江苏省
安徽省
安阳市
鹤壁市
濮阳市
泰安市
济宁市
菏泽市
临沂市
枣庄市
开封市
商丘市
徐州市
淮北市
宿迁市
周口市
宿州市
阜阳市
20m
15m
10m
8m
6m
4m
2m
图例
省级行政中心
省辖市行政中心
示范区
省界
未定界
省辖市界
流域界
山岗平原界
埋深等值面等级
0~2 m
2~4 m
4~6 m
6~8 m
8~10 m
10~15 m
15~20 m
> 20 m
注：图内境界不作实地划界依据。

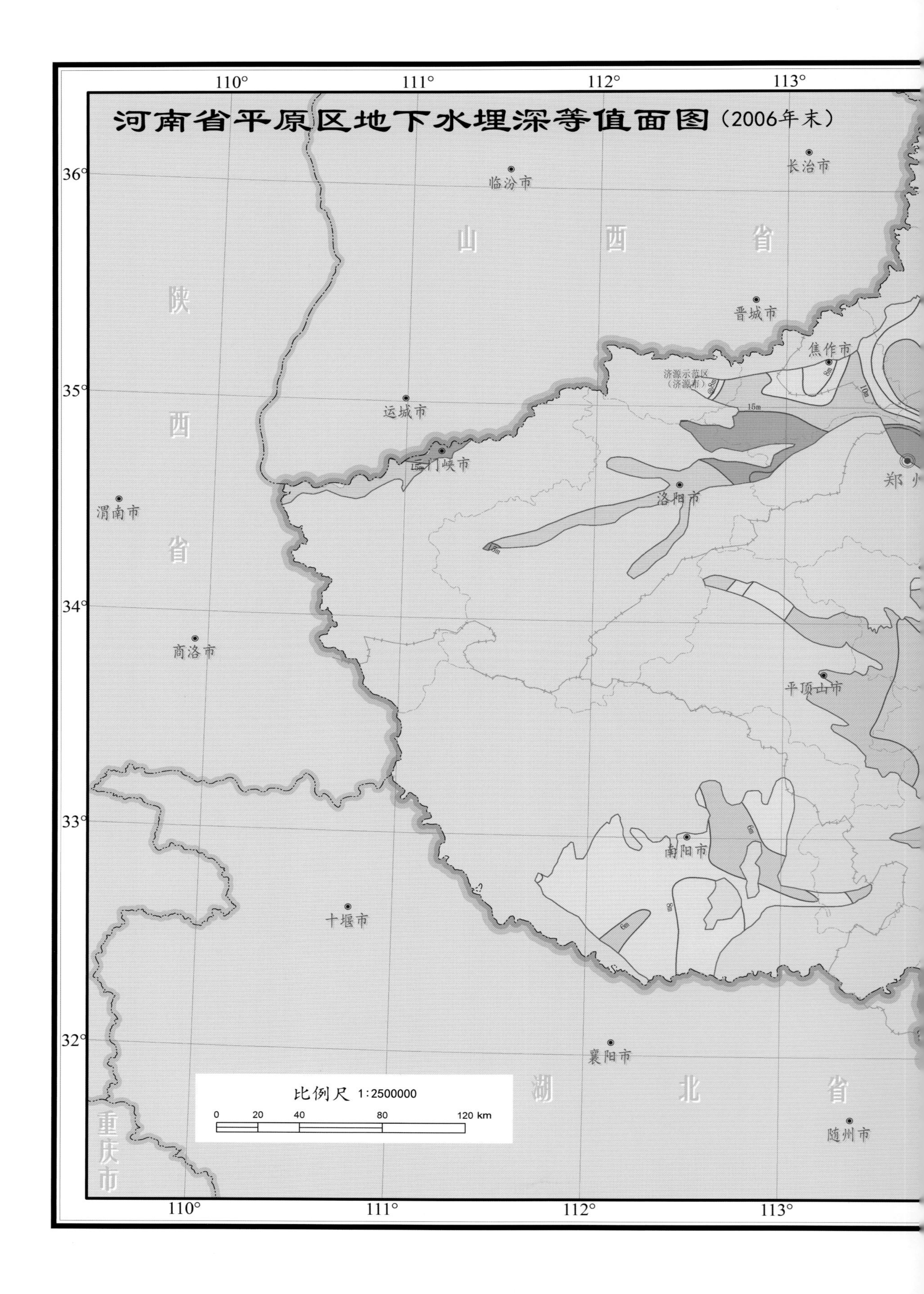
河南省平原区地下水埋深等值面图（2006年末）
110°
111°
112°
113°
36°
35°
34°
33°
32°
临汾市
长治市
山
西
省
陕
西
省
晋城市
焦作市
济源示范区
（济源市）
运城市
三门峡市
郑州
洛阳市
渭南市
商洛市
平顶山市
南阳市
十堰市
襄阳市
湖
北
省
随州市
重庆市
比例尺 1:2500000
0 20 40 80 120 km

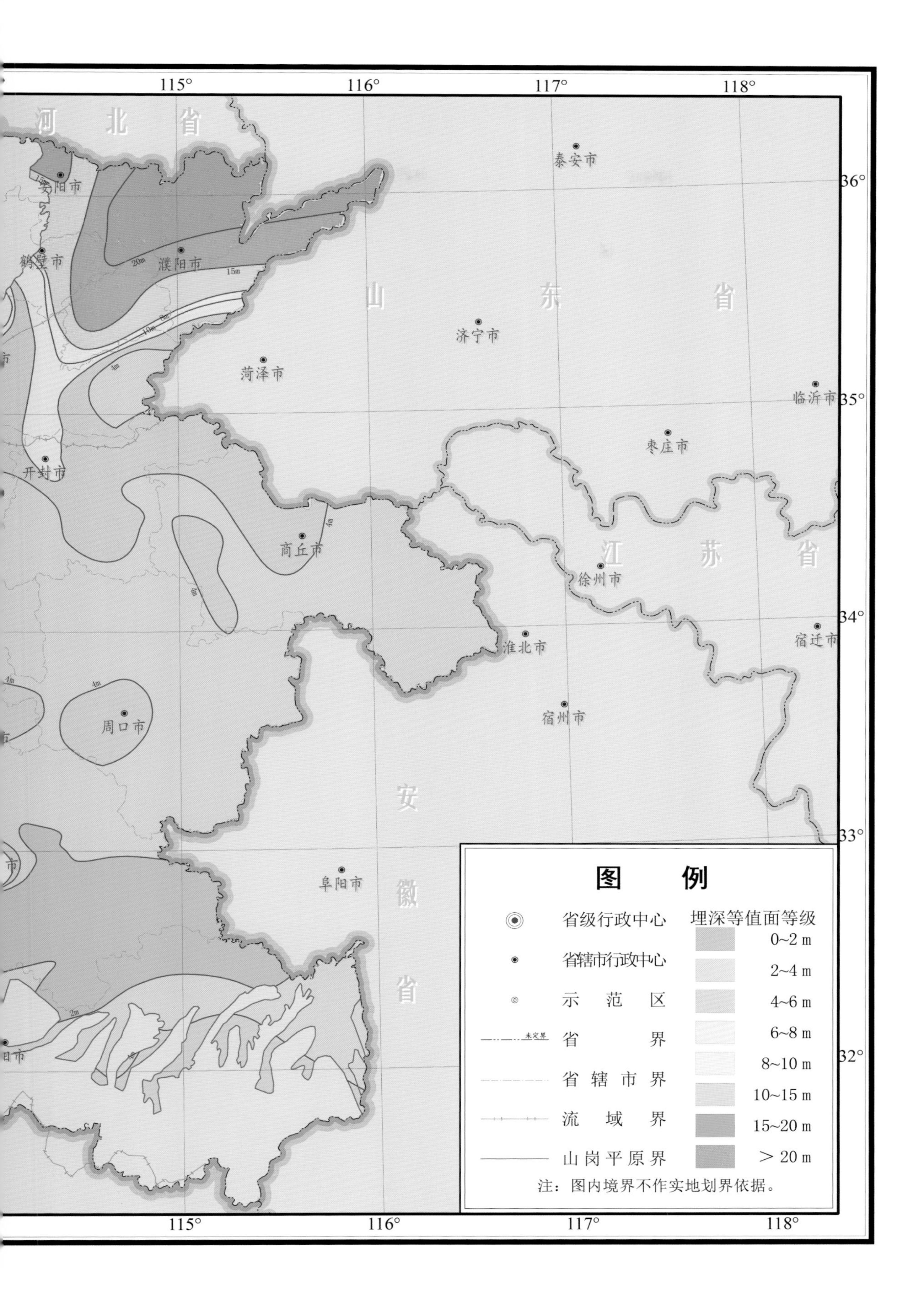

115°
116°
117°
118°
36°
35°
34°
33°
32°
河北省
山东省
江苏省
安徽省
泰安市
安阳市
鹤壁市
濮阳市
济宁市
菏泽市
临沂市
枣庄市
开封市
商丘市
徐州市
淮北市
宿迁市
周口市
宿州市
阜阳市
20m
15m
10m
8m
4m
2m
图例
省级行政中心
省辖市行政中心
示范区
未定界
省界
省辖市界
流域界
山岗平原界
埋深等值面等级
0~2 m
2~4 m
4~6 m
6~8 m
8~10 m
10~15 m
15~20 m
＞20 m
注：图内境界不作实地划界依据。

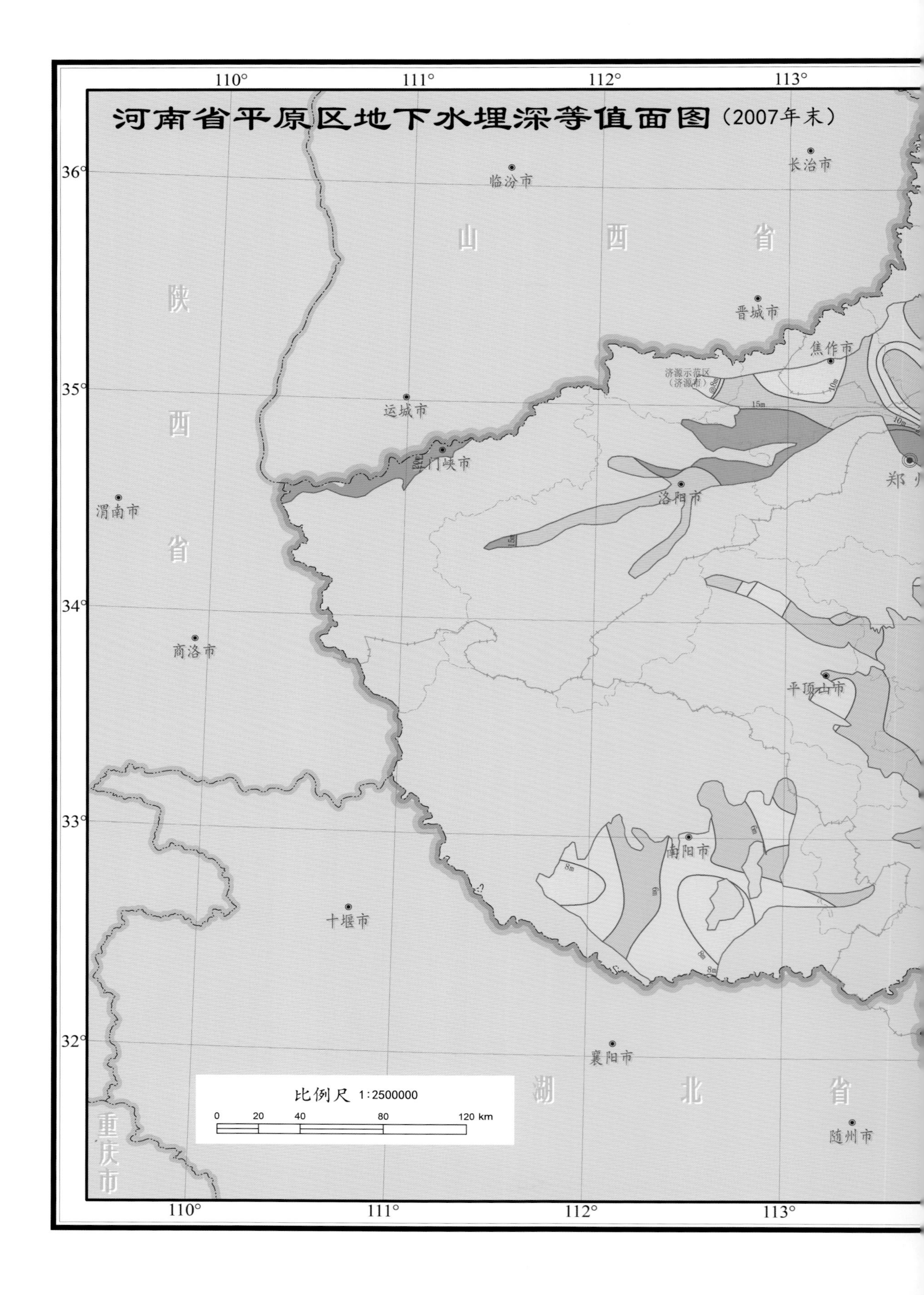

河南省平原区地下水埋深等值面图（2007年末）
110°
111°
112°
113°
36°
35°
34°
33°
32°
临汾市
长治市
山
西
省
陕
西
省
晋城市
焦作市
济源示范区
（济源市）
运城市
三门峡市
洛阳市
郑州
渭南市
商洛市
平顶山市
南阳市
十堰市
襄阳市
湖
北
省
随州市
重庆市
15m
10m
8m
6m
比例尺 1:2500000
0 20 40 80 120 km

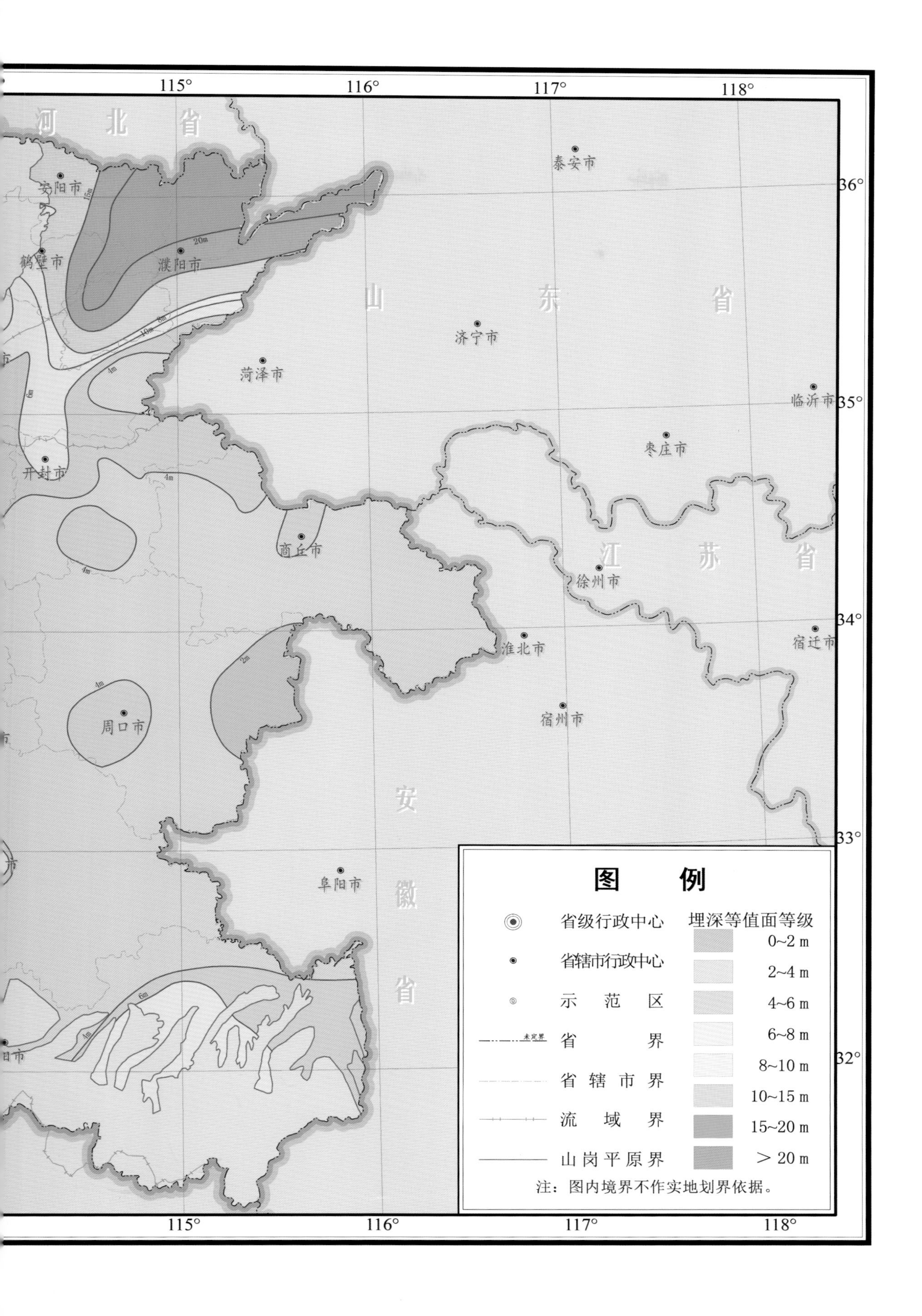

115°
116°
117°
118°
36°
35°
34°
33°
32°
河 北 省
山 东 省
江 苏 省
安 徽 省
安阳市
鹤壁市
濮阳市
泰安市
济宁市
菏泽市
临沂市
枣庄市
开封市
商丘市
徐州市
淮北市
宿迁市
周口市
宿州市
阜阳市
20m
15m
10m
8m
6m
4m
2m
图 例
省级行政中心
省辖市行政中心
示 范 区
省 界
未定界
省 辖 市 界
流 域 界
山岗平原界
埋深等值面等级
0~2 m
2~4 m
4~6 m
6~8 m
8~10 m
10~15 m
15~20 m
＞20 m
注：图内境界不作实地划界依据。

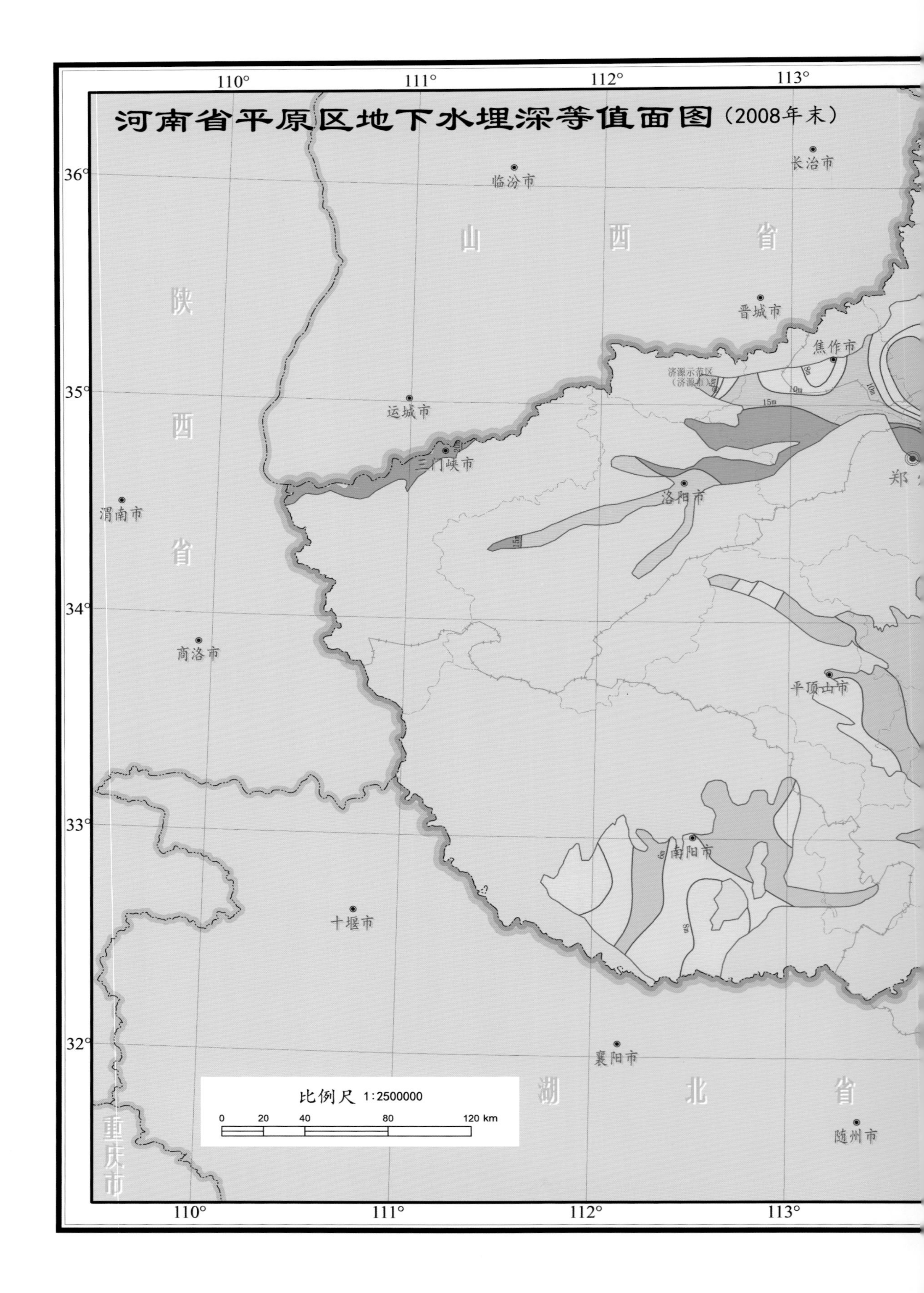

河南省平原区地下水埋深等值面图（2008年末）
110°
111°
112°
113°
36°
35°
34°
33°
32°
临汾市
长治市
山
西
省
陕
西
省
晋城市
焦作市
济源示范区
（济源市）
运城市
三门峡市
郑
洛阳市
渭南市
商洛市
平顶山市
南阳市
十堰市
襄阳市
湖
北
省
随州市
重
庆
市
比例尺 1:2500000
0
20
40
80
120 km

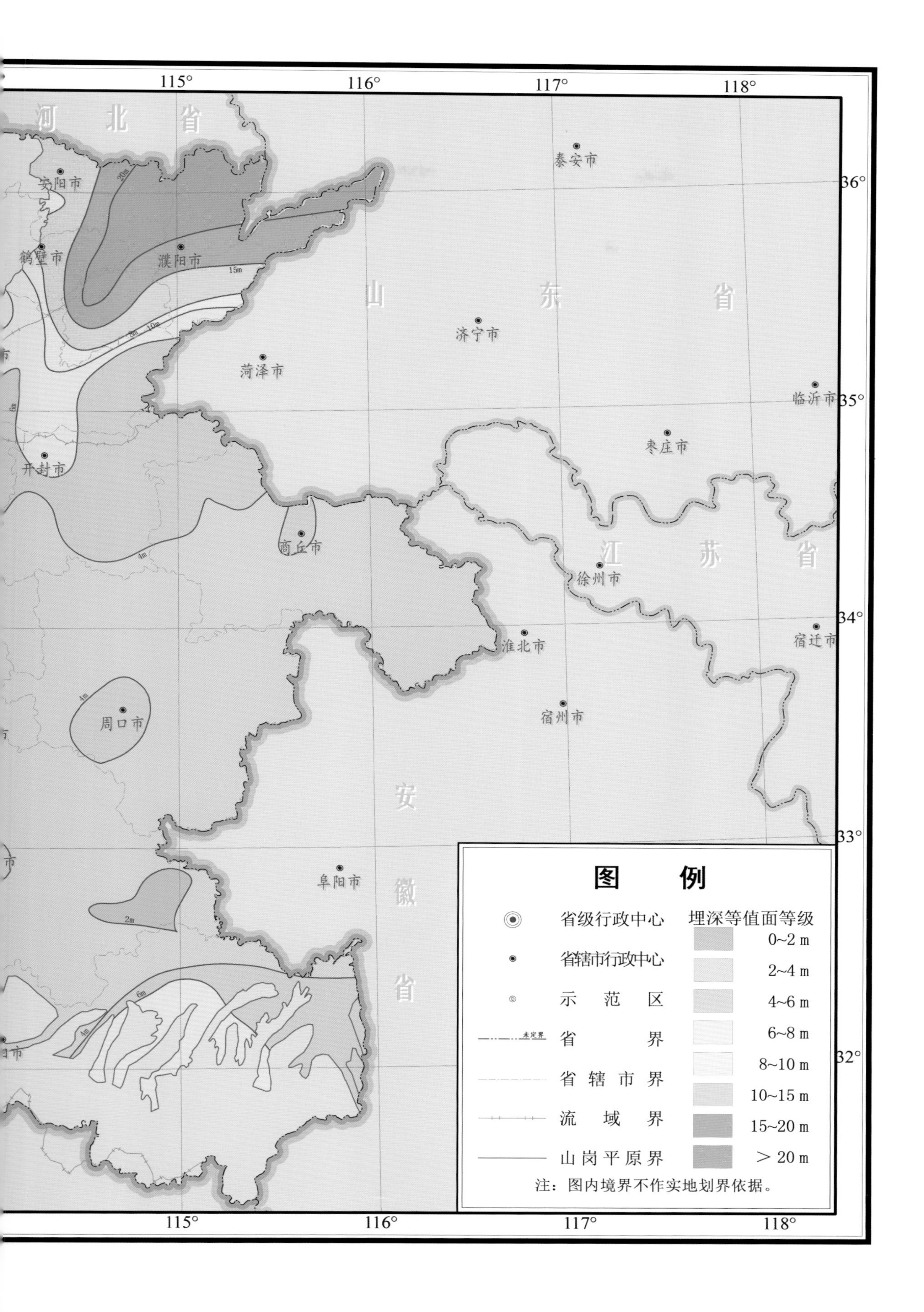

115°
116°
117°
118°
36°
35°
34°
33°
32°
河北省
山东省
江苏省
安徽省
泰安市
安阳市
鹤壁市
濮阳市
济宁市
菏泽市
临沂市
枣庄市
开封市
商丘市
徐州市
淮北市
宿迁市
宿州市
周口市
阜阳市
20m
15m
10m
8m
6m
4m
2m
图例
省级行政中心
省辖市行政中心
示范区
省界
未定界
省辖市界
流域界
山岗平原界
埋深等值面等级
0~2 m
2~4 m
4~6 m
6~8 m
8~10 m
10~15 m
15~20 m
> 20 m
注：图内境界不作实地划界依据。

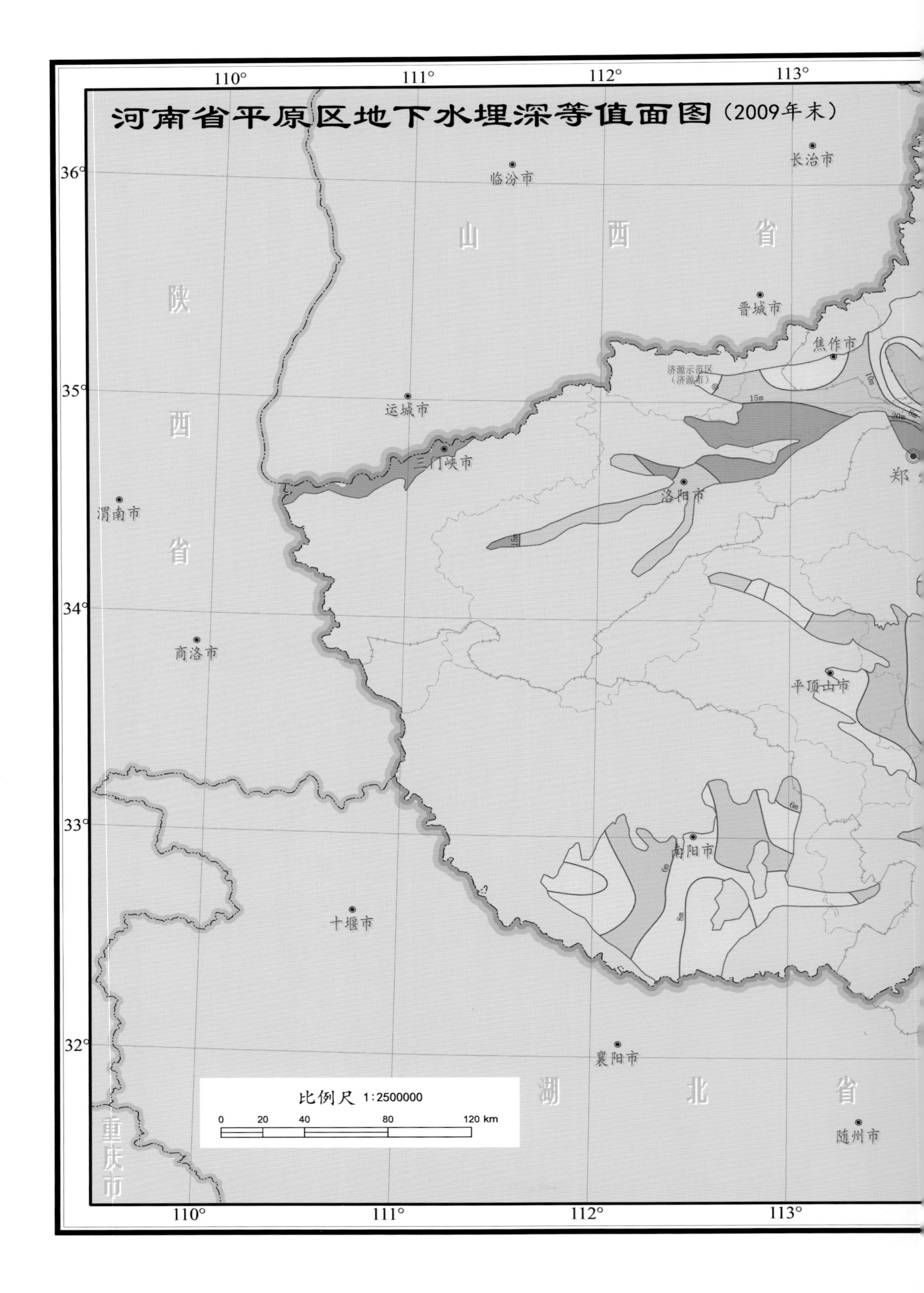
河南省平原区地下水埋深等值面图（2009年末）
110°
111°
112°
113°
36°
35°
34°
33°
32°
临汾市
长治市
山
西
省
陕
西
省
晋城市
焦作市
济源示范区
（济源市）
运城市
三门峡市
洛阳市
郑
渭南市
商洛市
平顶山市
南阳市
十堰市
襄阳市
随州市
湖
北
省
重庆市
比例尺 1:2500000
0
20
40
80
120 km

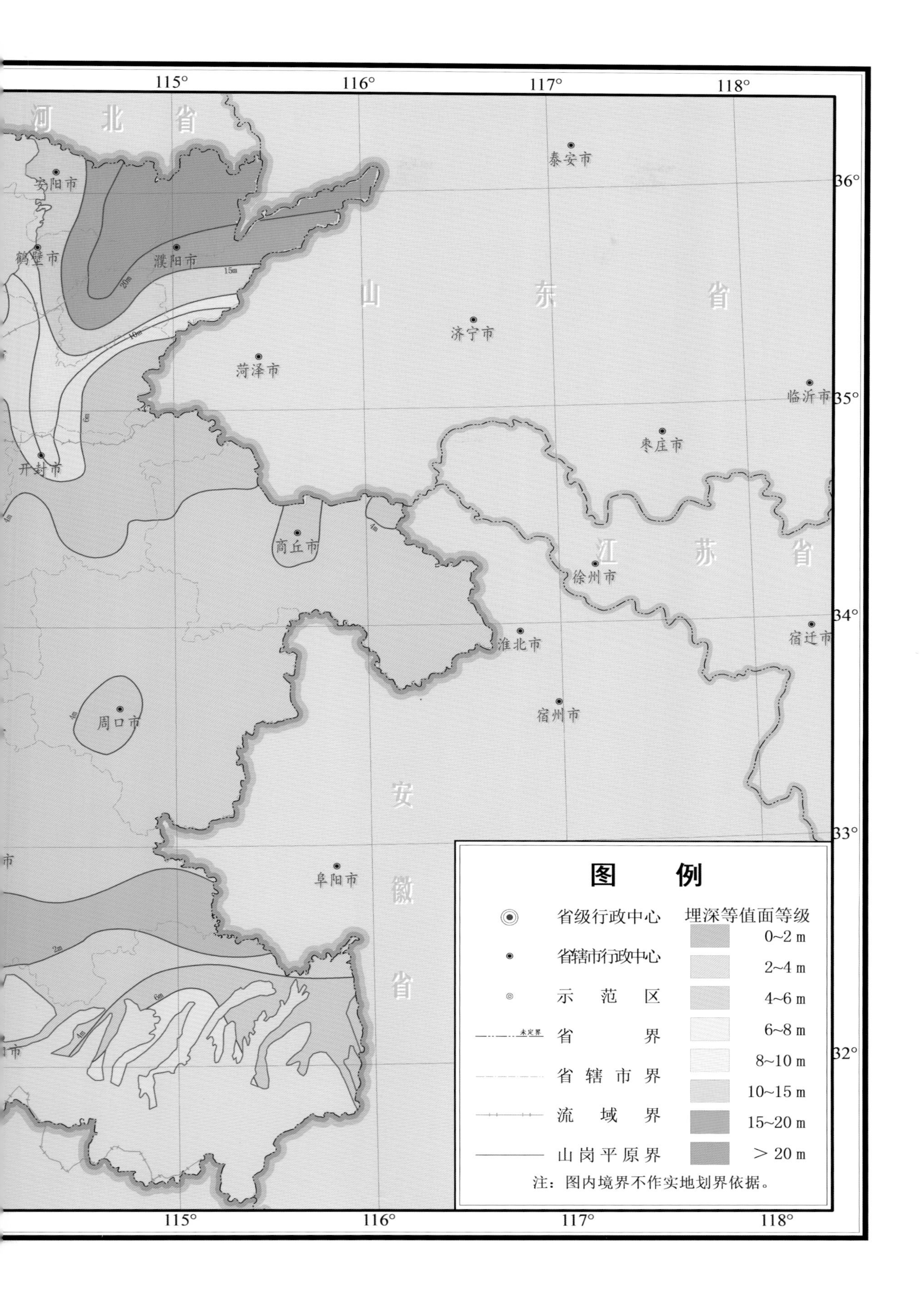

115°
116°
117°
118°
36°
35°
34°
33°
32°
河北省
山东省
江苏省
安徽省
泰安市
安阳市
鹤壁市
濮阳市
济宁市
菏泽市
临沂市
枣庄市
开封市
商丘市
徐州市
淮北市
宿迁市
周口市
宿州市
阜阳市
20m
15m
10m
6m
4m
2m
图例
省级行政中心
省辖市行政中心
示范区
省界
未定界
省辖市界
流域界
山岗平原界
埋深等值面等级
0~2 m
2~4 m
4~6 m
6~8 m
8~10 m
10~15 m
15~20 m
＞20 m
注：图内境界不作实地划界依据。

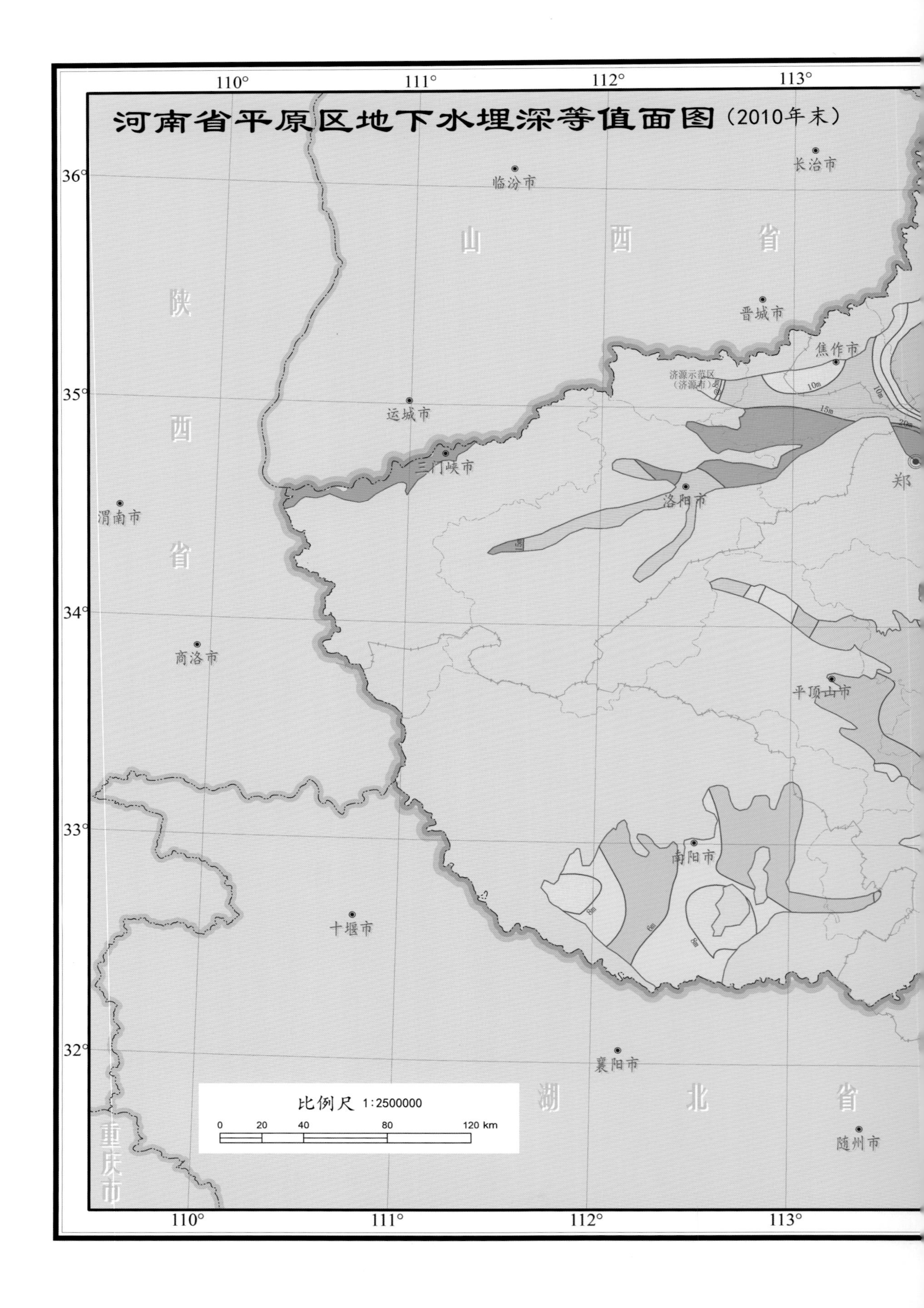

河南省平原区地下水埋深等值面图（2010年末）
110°
111°
112°
113°
36°
35°
34°
33°
32°
临汾市
长治市
山
西
省
陕
西
省
晋城市
焦作市
济源示范区
（济源市）
10m
15m
20m
运城市
三门峡市
洛阳市
郑
渭南市
商洛市
平顶山市
南阳市
十堰市
襄阳市
湖
北
省
随州市
重
庆
市
比例尺 1:2500000
0
20
40
80
120 km

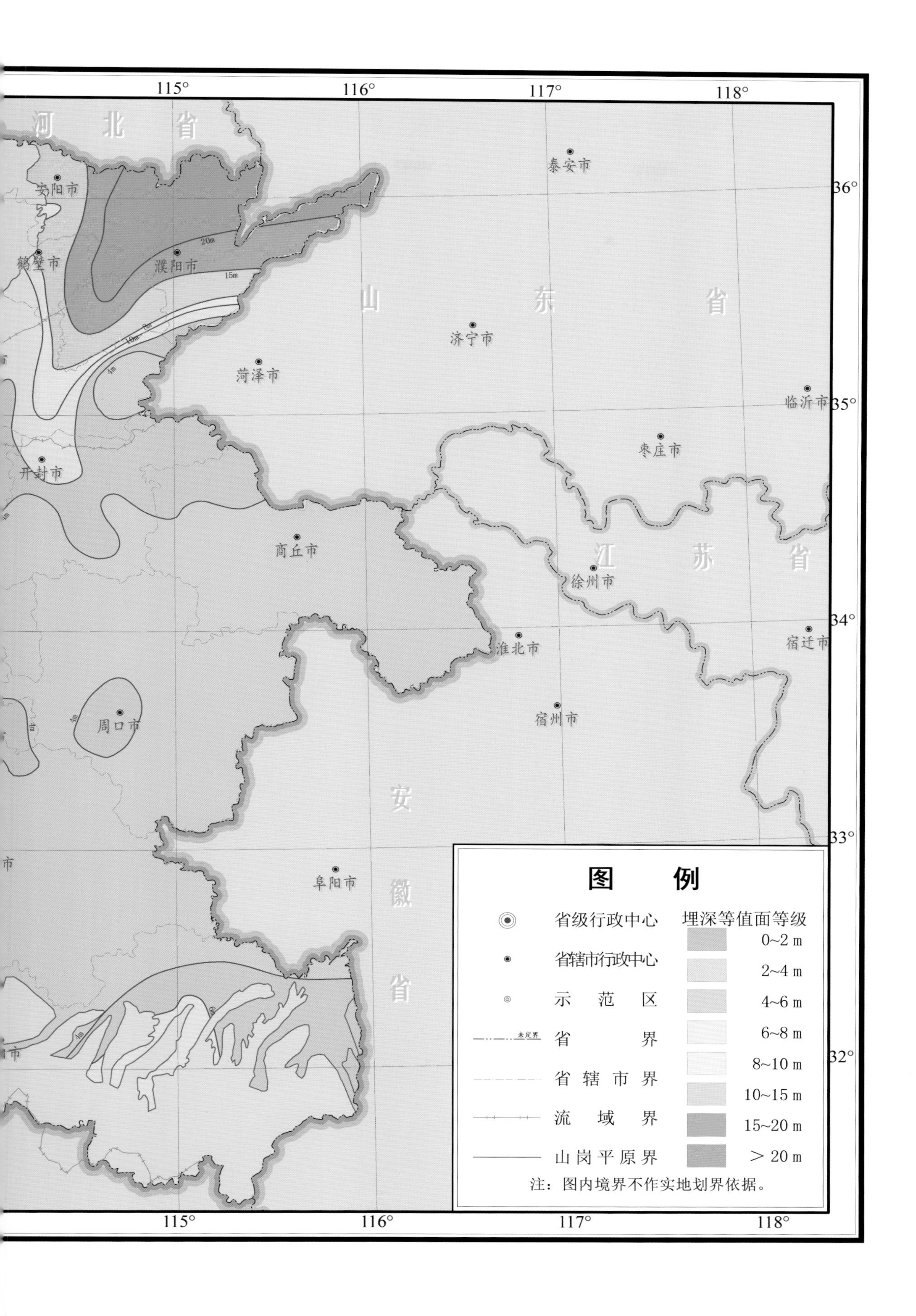

115°
116°
117°
118°
36°
35°
34°
33°
32°
河北省
山东省
江苏省
安徽省
安阳市
鹤壁市
濮阳市
泰安市
济宁市
菏泽市
临沂市
枣庄市
开封市
商丘市
徐州市
淮北市
宿迁市
宿州市
周口市
阜阳市
20m
15m
10m
8m
4m
图　　例
省级行政中心
省辖市行政中心
示　范　区
未定界
省　　　界
省 辖 市 界
流　域　界
山岗平原界
埋深等值面等级
0~2 m
2~4 m
4~6 m
6~8 m
8~10 m
10~15 m
15~20 m
＞20 m
注：图内境界不作实地划界依据。

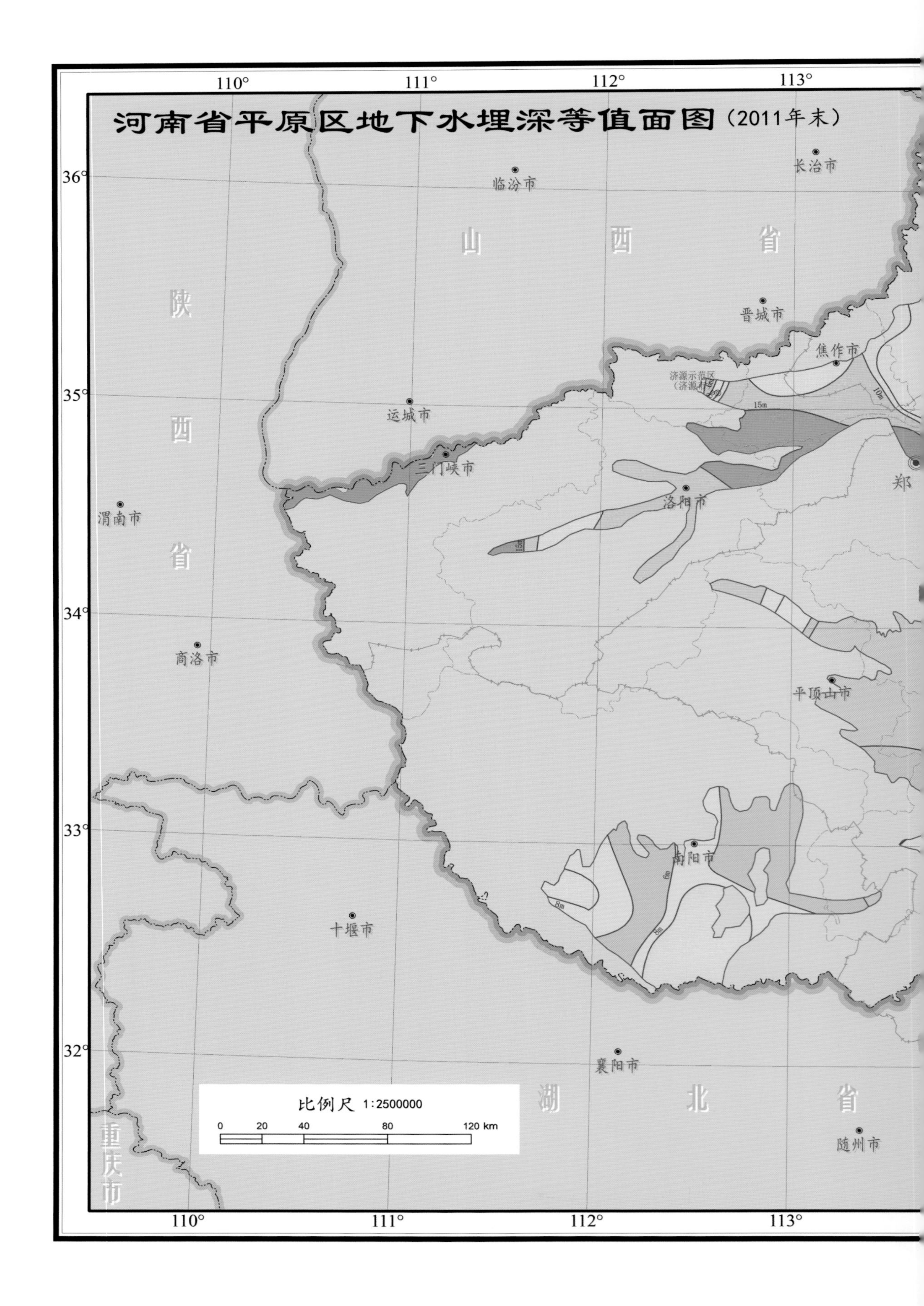

河南省平原区地下水埋深等值面图（2011年末）
110°
111°
112°
113°
36°
35°
34°
33°
32°
临汾市
长治市
山
西
省
陕
西
省
晋城市
焦作市
济源示范区
（济源市）
15m
10m
运城市
三门峡市
郑
渭南市
洛阳市
15m
商洛市
平顶山市
南阳市
6m
8m
8m
十堰市
襄阳市
比例尺 1:2500000
0
20
40
80
120 km
湖
北
省
随州市
重
庆
市

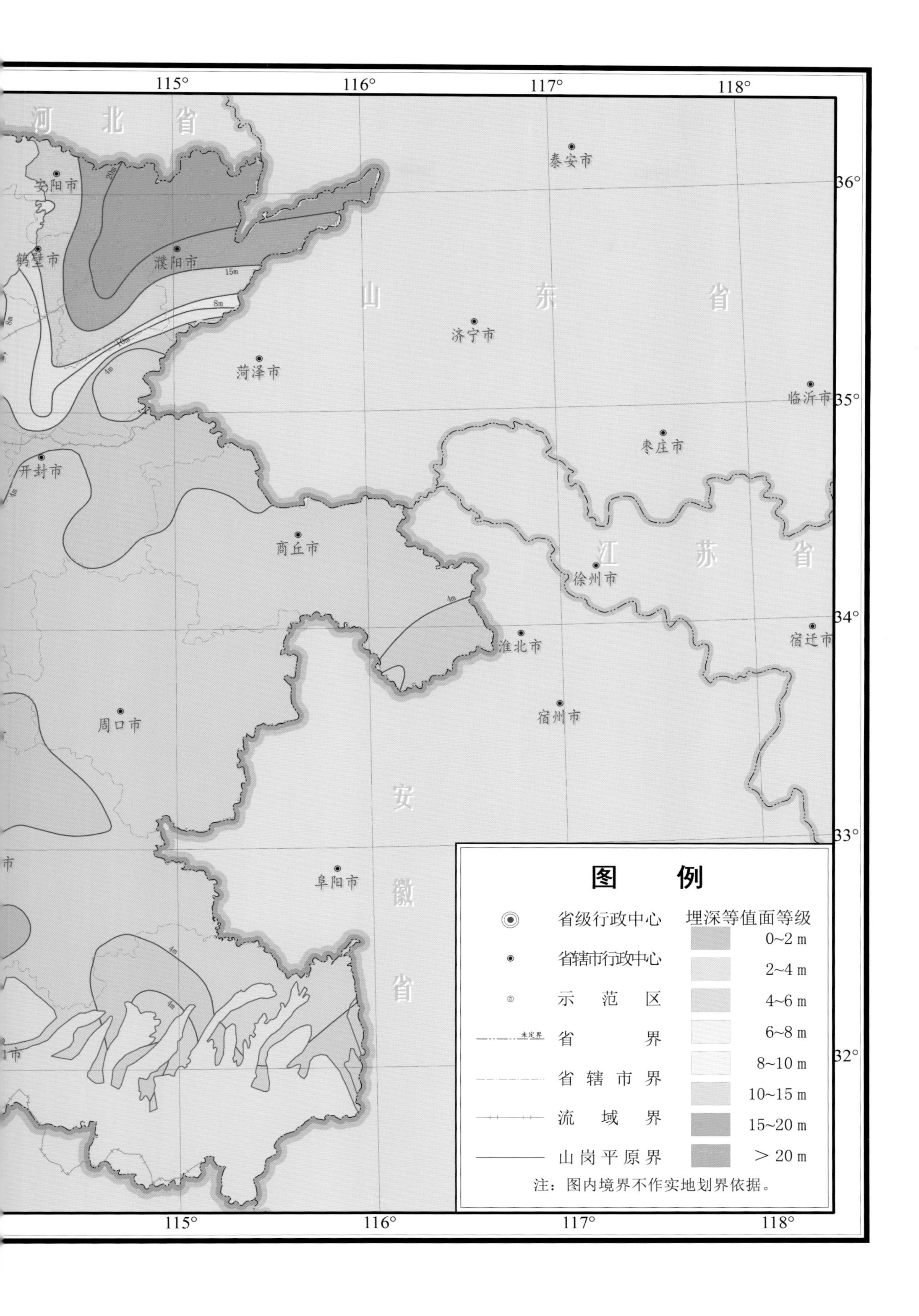

115°
116°
117°
118°
河北省
安阳市
鹤壁市
濮阳市
泰安市
山东省
济宁市
菏泽市
临沂市
枣庄市
开封市
商丘市
江苏省
徐州市
淮北市
宿迁市
宿州市
周口市
安徽省
阜阳市
36°
35°
34°
33°
32°
20m
15m
10m
8m
4m
图例
省级行政中心
省辖市行政中心
示范区
省界
未定界
省辖市界
流域界
山岗平原界
埋深等值面等级
0~2 m
2~4 m
4~6 m
6~8 m
8~10 m
10~15 m
15~20 m
> 20 m
注：图内境界不作实地划界依据。

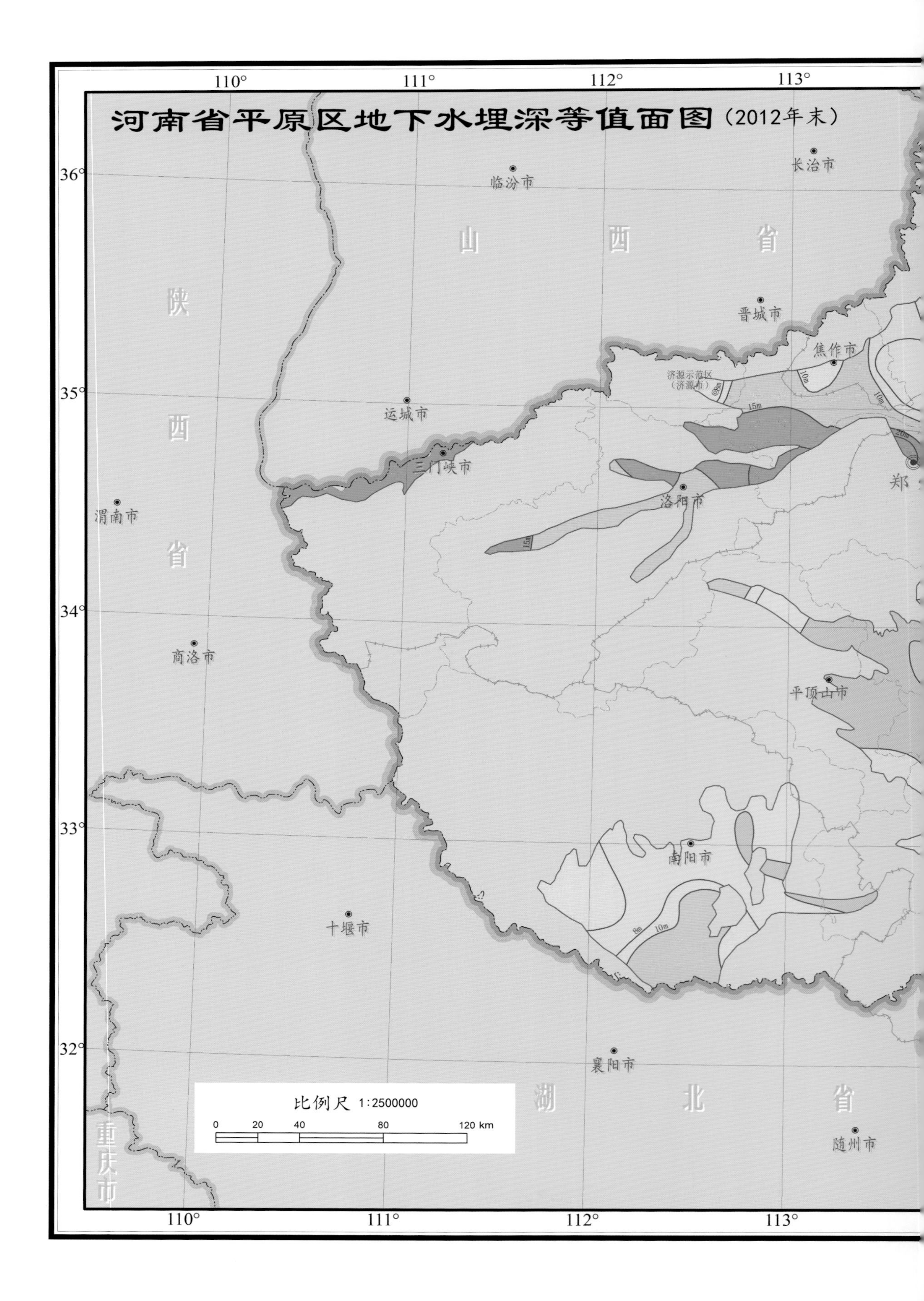

河南省平原区地下水埋深等值面图（2012年末）
110°
111°
112°
113°
36°
35°
34°
33°
32°
临汾市
长治市
山 西 省
陕 西 省
晋城市
焦作市
济源示范区
（济源市）
运城市
三门峡市
渭南市
洛阳市
郑
商洛市
平顶山市
南阳市
十堰市
襄阳市
湖 北 省
随州市
重庆市
比例尺 1:2500000
0 20 40 80 120 km
10m
15m
20m

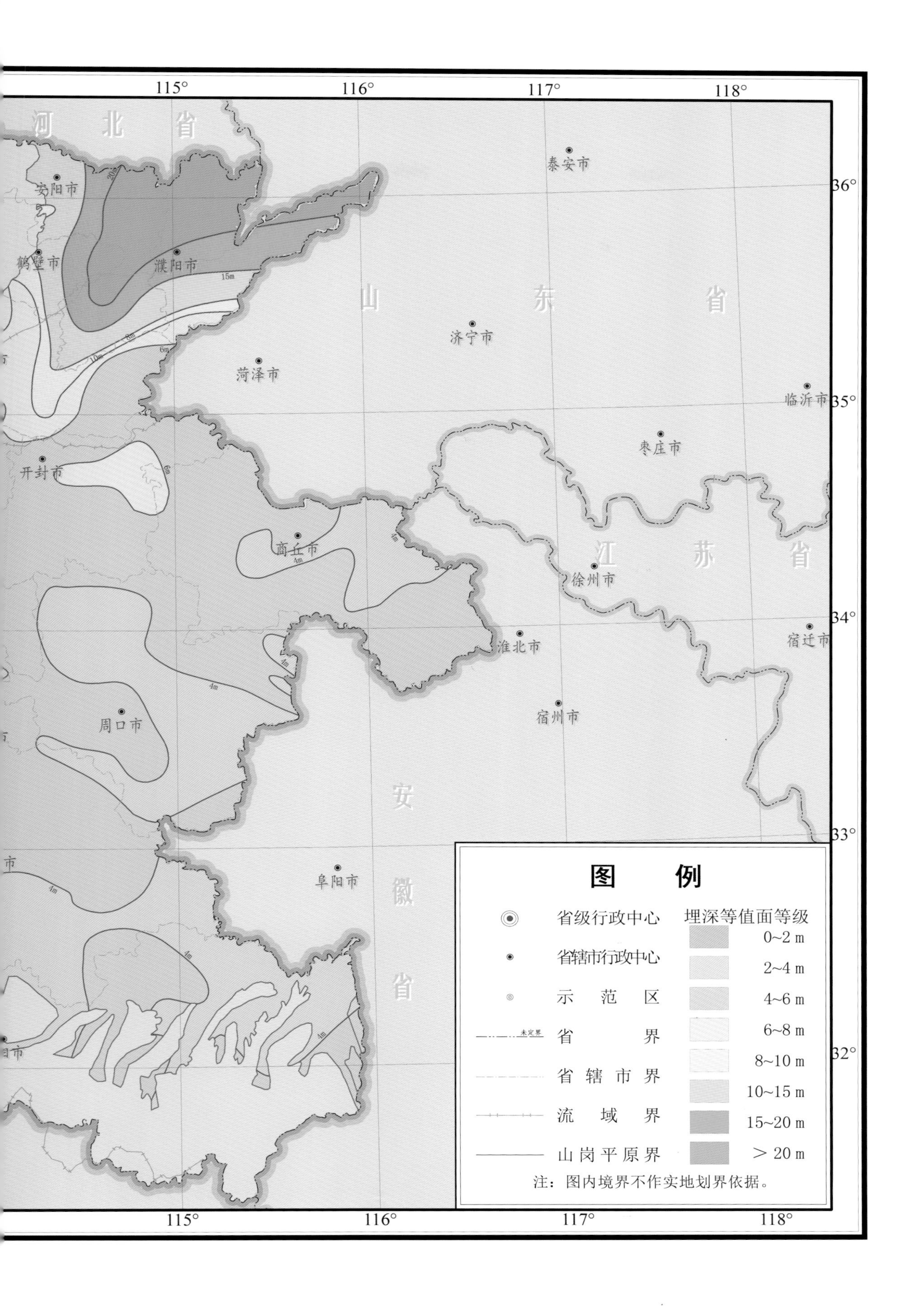

115°
116°
117°
118°
36°
35°
34°
33°
32°
河 北 省
山 东 省
江 苏 省
安 徽 省
泰安市
安阳市
鹤壁市
濮阳市
济宁市
菏泽市
临沂市
枣庄市
开封市
商丘市
徐州市
淮北市
宿迁市
宿州市
周口市
阜阳市
20m
15m
10m
8m
6m
4m
图 例
省级行政中心
省辖市行政中心
示 范 区
省 界
未定界
省 辖 市 界
流 域 界
山岗平原界
埋深等值面等级
0~2 m
2~4 m
4~6 m
6~8 m
8~10 m
10~15 m
15~20 m
> 20 m
注：图内境界不作实地划界依据。

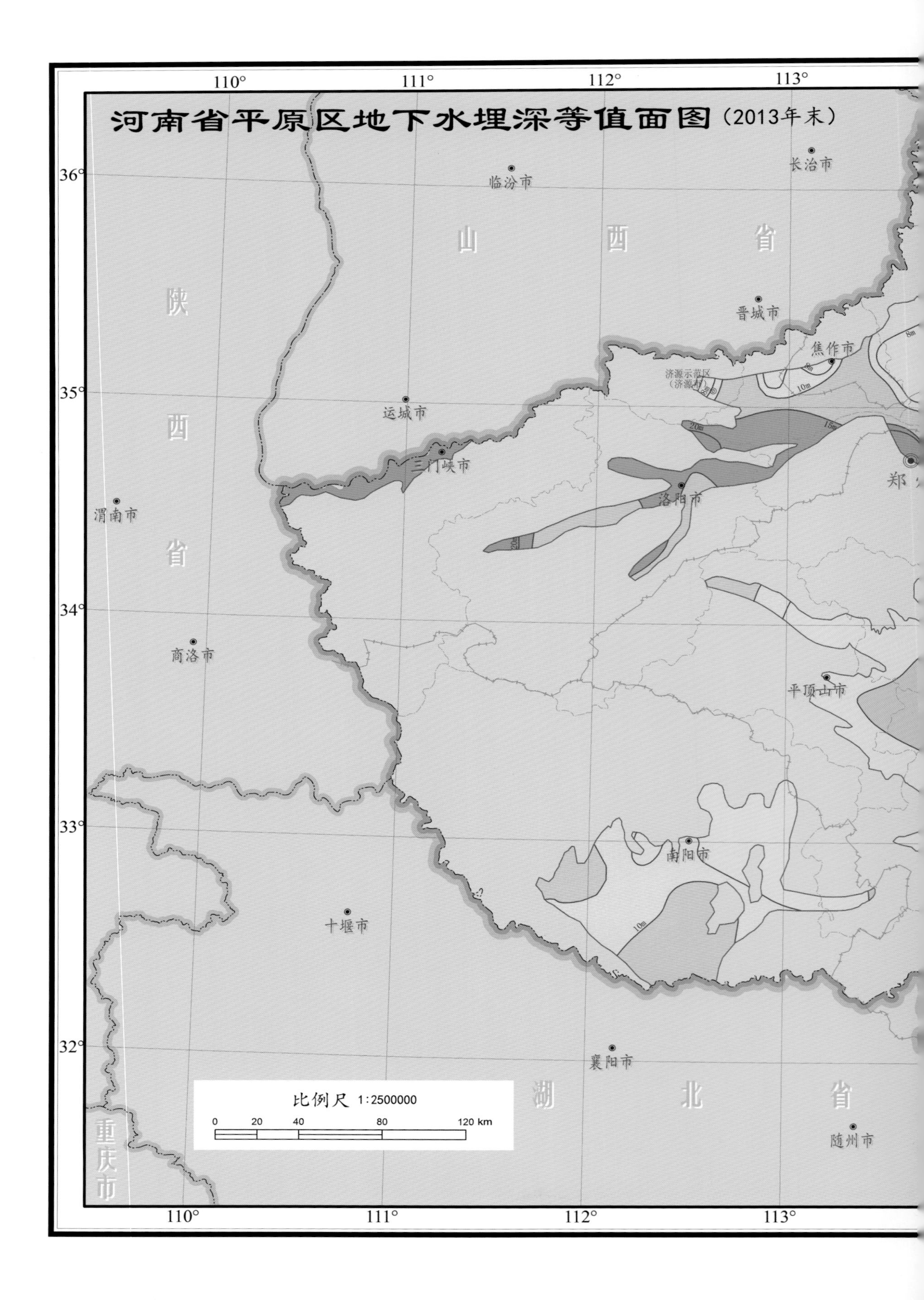

河南省平原区地下水埋深等值面图（2013年末）
110°
111°
112°
113°
36°
35°
34°
33°
32°
临汾市
长治市
山
西
省
陕
西
省
晋城市
焦作市
济源示范区
（济源市）
运城市
三门峡市
洛阳市
郑
渭南市
商洛市
平顶山市
南阳市
十堰市
襄阳市
湖
北
省
随州市
重
庆
市
8m
10m
15m
20m
比例尺 1:2500000
0
20
40
80
120 km

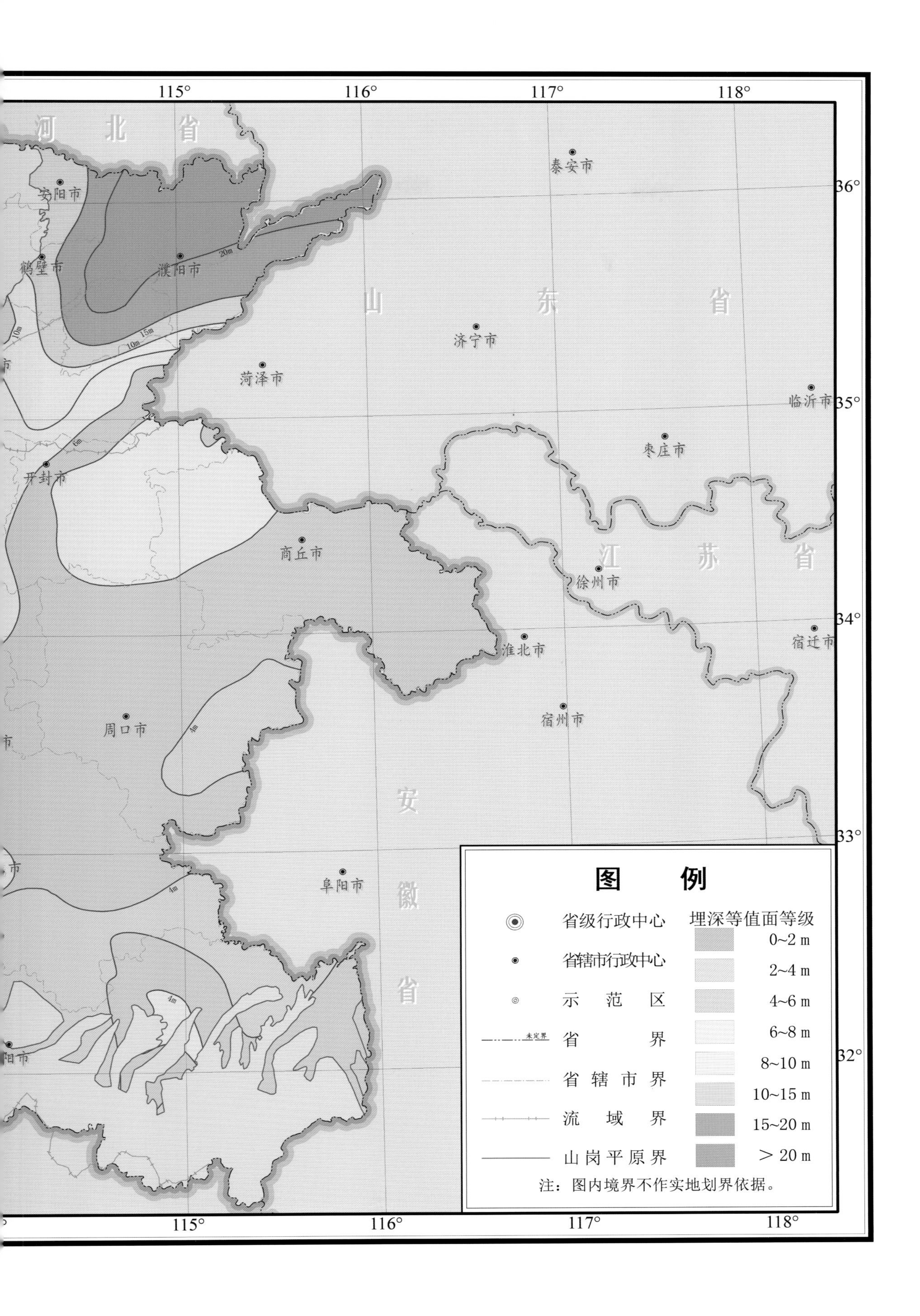
河北省
山东省
江苏省
安徽省
安阳市
鹤壁市
濮阳市
泰安市
济宁市
菏泽市
临沂市
枣庄市
开封市
商丘市
徐州市
淮北市
宿迁市
宿州市
周口市
阜阳市
20m
15m
10m
6m
4m
115°
116°
117°
118°
36°
35°
34°
33°
32°
图 例
省级行政中心
省辖市行政中心
示 范 区
未定界
省 界
省 辖 市 界
流 域 界
山 岗 平 原 界
埋深等值面等级
0~2 m
2~4 m
4~6 m
6~8 m
8~10 m
10~15 m
15~20 m
＞ 20 m
注：图内境界不作实地划界依据。

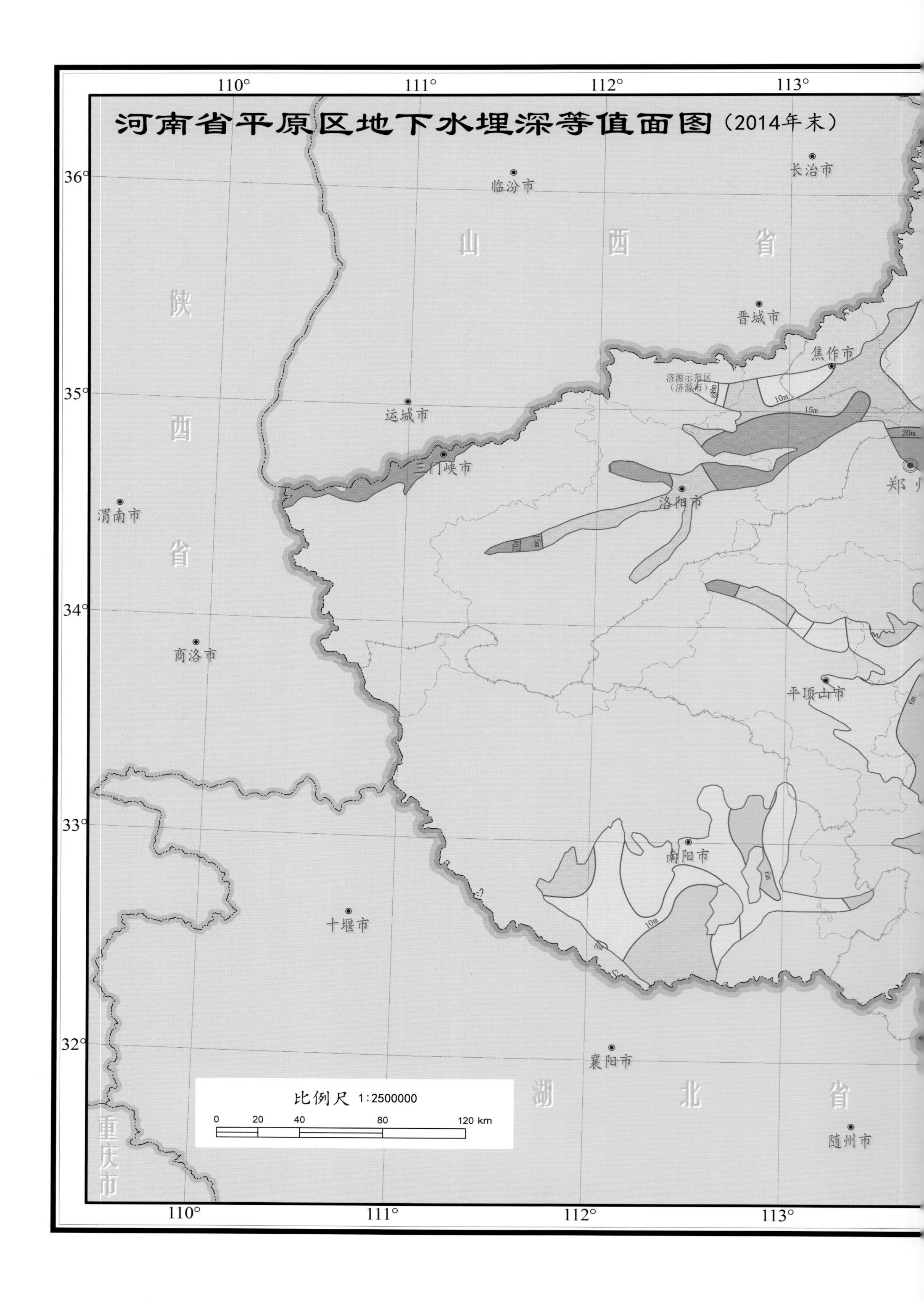
河南省平原区地下水埋深等值面图（2014年末）
110°
111°
112°
113°
36°
35°
34°
33°
32°
临汾市
长治市
山
西
省
陕
西
省
晋城市
焦作市
济源示范区
（济源市）
运城市
三门峡市
洛阳市
郑州
渭南市
商洛市
平顶山市
南阳市
十堰市
襄阳市
随州市
湖
北
省
重
庆
市
10m
15m
20m
8m
6m
比例尺 1:2500000
0
20
40
80
120 km

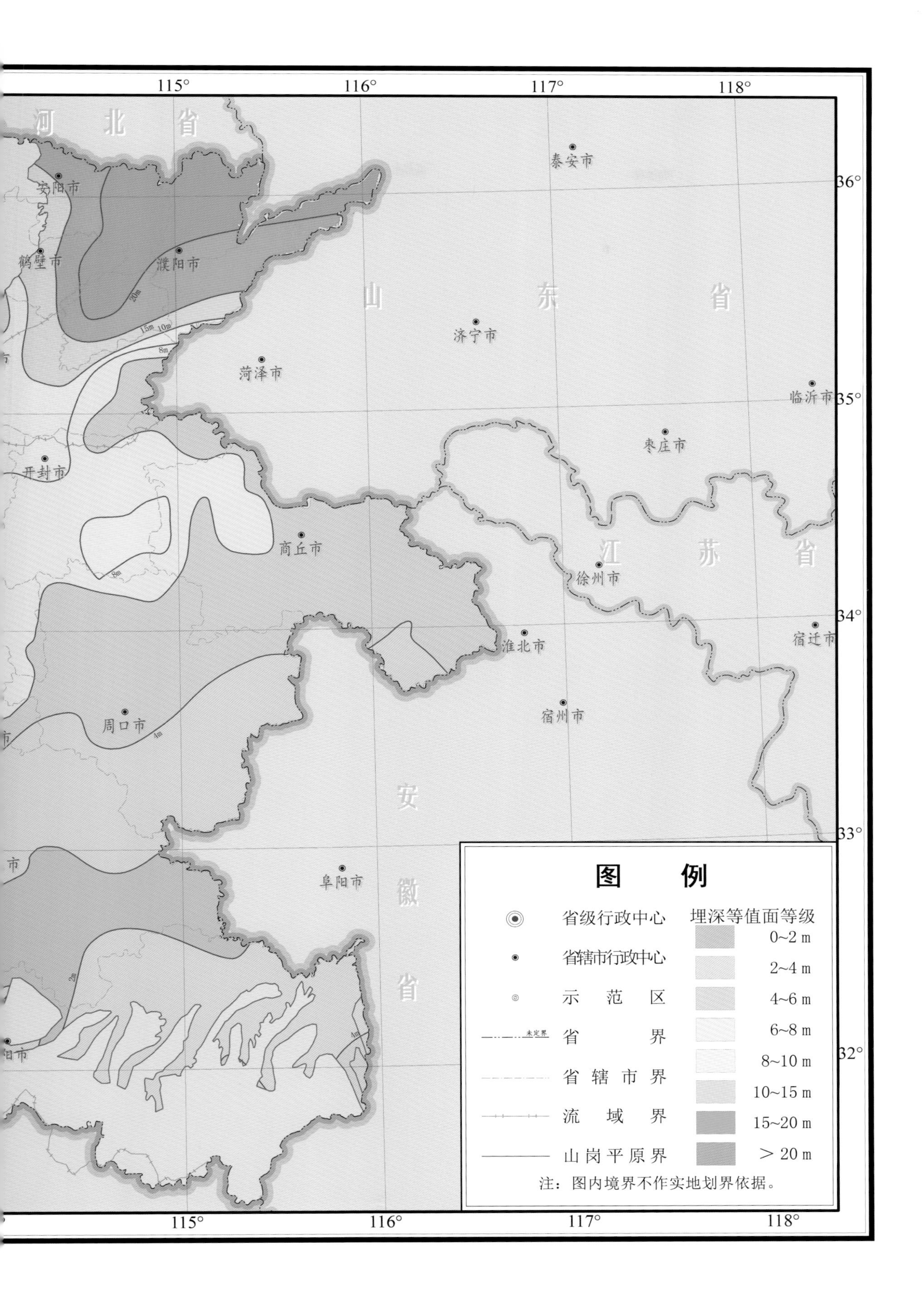

115°
116°
117°
118°
36°
35°
34°
33°
32°
河北省
山东省
江苏省
安徽省
安阳市
鹤壁市
濮阳市
泰安市
济宁市
菏泽市
临沂市
枣庄市
开封市
商丘市
徐州市
淮北市
宿迁市
宿州市
周口市
阜阳市
20m
15m
10m
8m
4m
2m
图例
省级行政中心
省辖市行政中心
示范区
省界
未定界
省辖市界
流域界
山岗平原界
埋深等值面等级
0~2 m
2~4 m
4~6 m
6~8 m
8~10 m
10~15 m
15~20 m
＞20 m
注：图内境界不作实地划界依据。

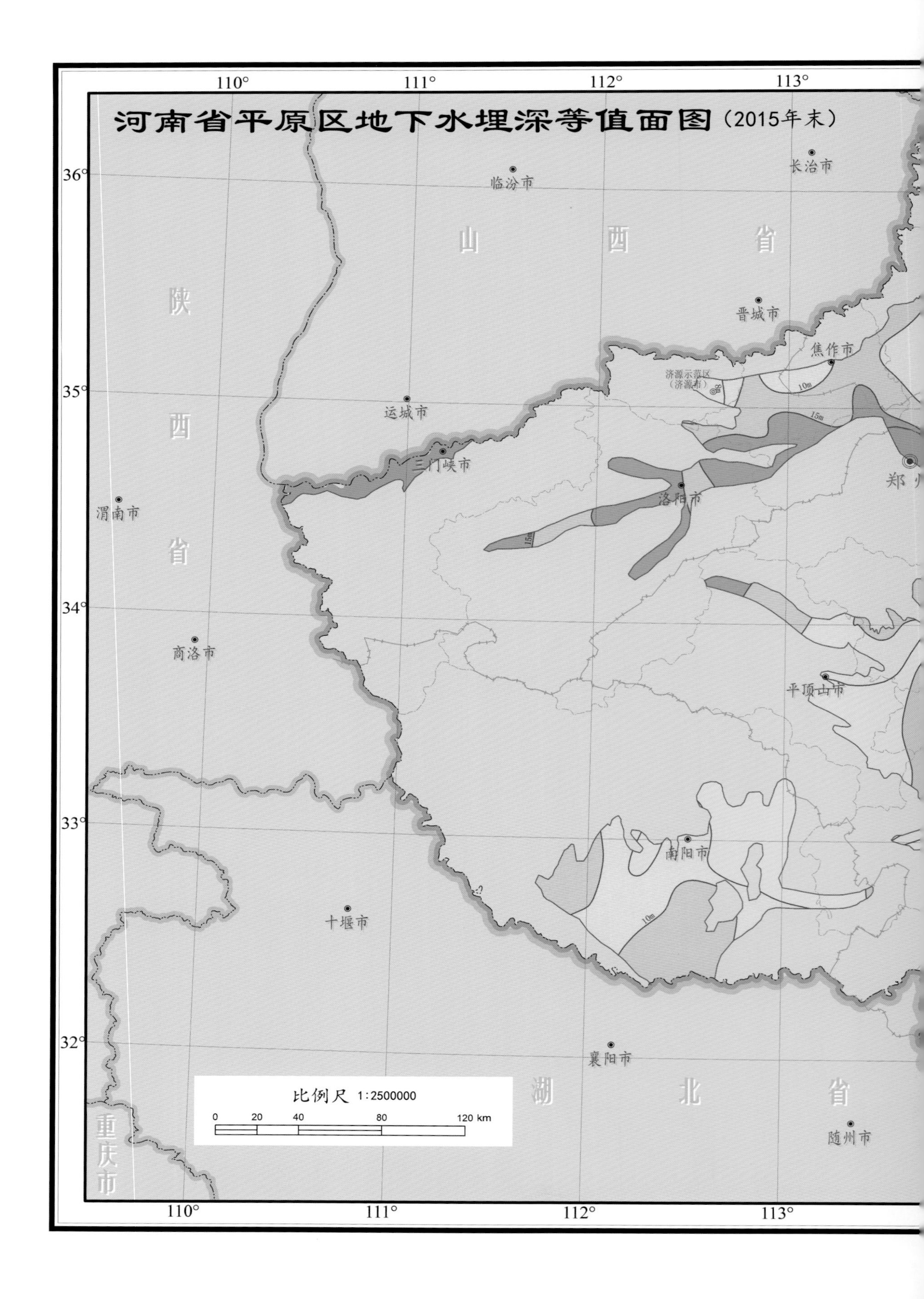
河南省平原区地下水埋深等值面图（2015年末）
110°
111°
112°
113°
36°
35°
34°
33°
32°
临汾市
长治市
山
西
省
陕
西
省
晋城市
焦作市
济源示范区
（济源市）
运城市
三门峡市
洛阳市
郑州
渭南市
商洛市
平顶山市
南阳市
十堰市
襄阳市
随州市
湖
北
省
重庆市
10m
15m
比例尺 1:2500000
0
20
40
80
120 km

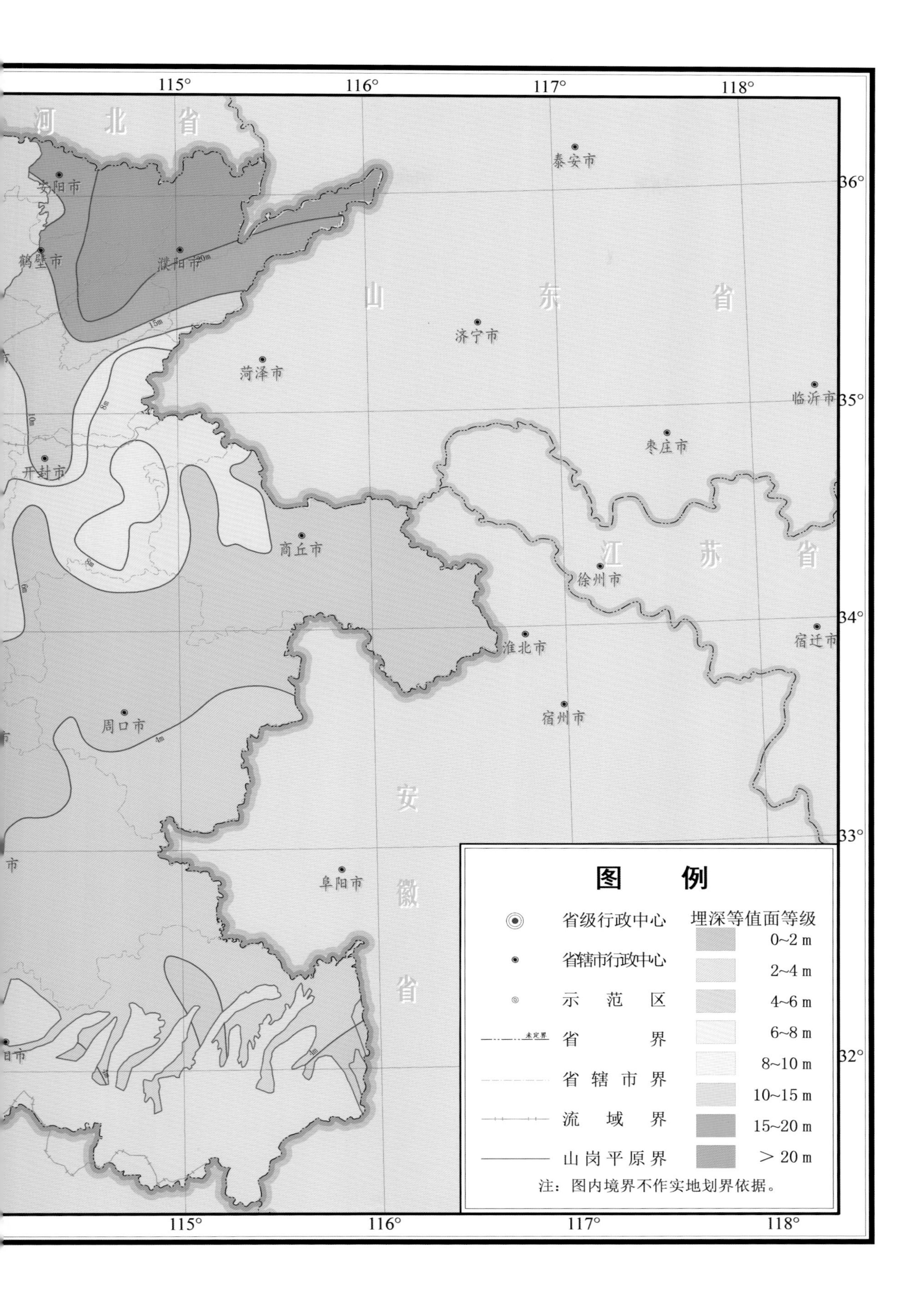

115°
116°
117°
118°
河北省
泰安市
36°
安阳市
鹤壁市
濮阳市
20m
15m
山东省
济宁市
菏泽市
临沂市
35°
8m
枣庄市
开封市
商丘市
江苏省
8m
徐州市
34°
淮北市
宿迁市
宿州市
周口市
4m
安徽省
33°
阜阳市
32°
115°
116°
117°
118°
图例
省级行政中心
省辖市行政中心
示范区
未定界
省界
省辖市界
流域界
山岗平原界
埋深等值面等级
0~2 m
2~4 m
4~6 m
6~8 m
8~10 m
10~15 m
15~20 m
> 20 m
注：图内境界不作实地划界依据。

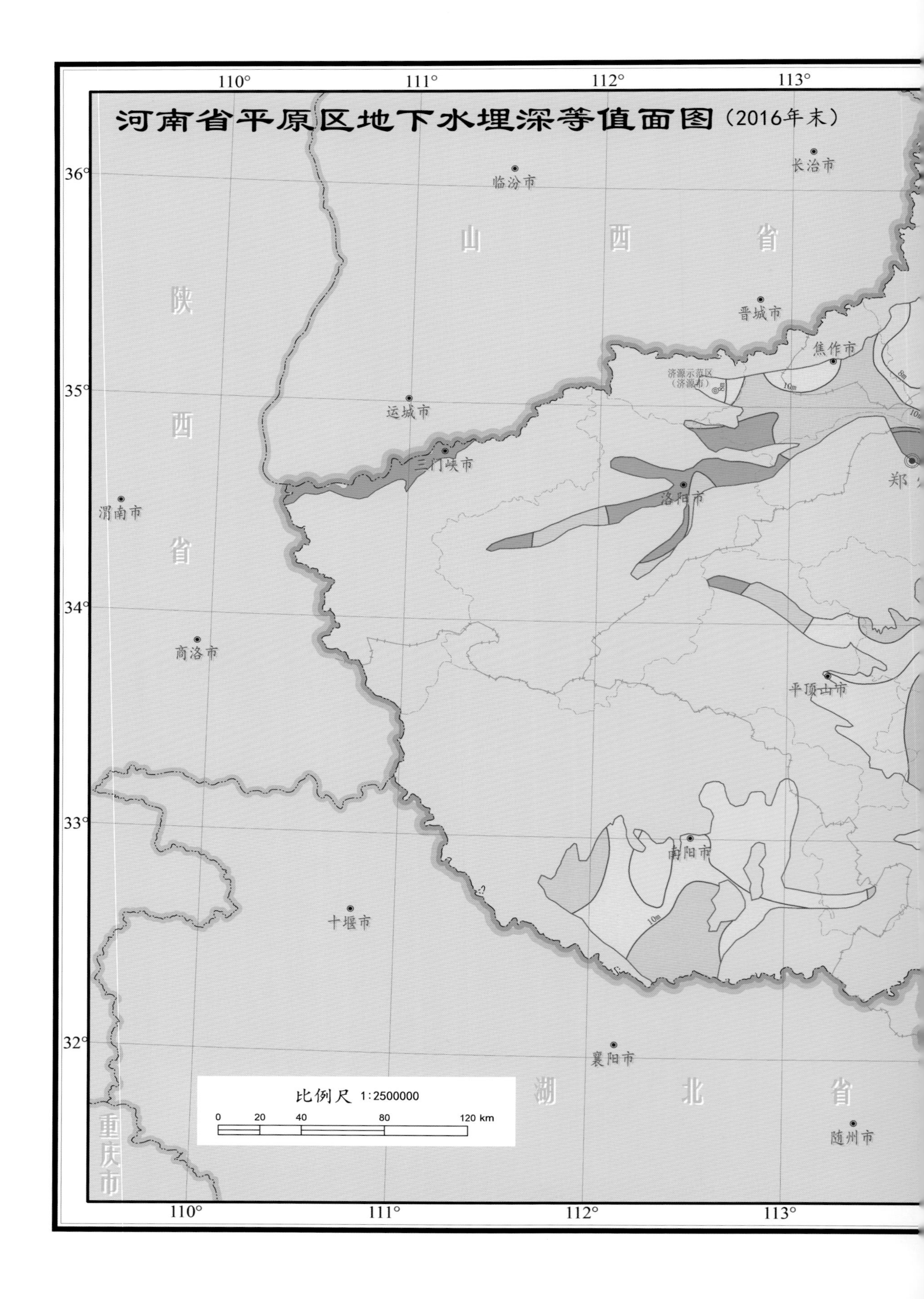

河南省平原区地下水埋深等值面图（2016年末）
110°
111°
112°
113°
36°
35°
34°
33°
32°
临汾市
长治市
山
西
省
陕
西
省
晋城市
焦作市
济源示范区
（济源市）
8m
10m
运城市
三门峡市
洛阳市
郑
渭南市
商洛市
平顶山市
南阳市
十堰市
襄阳市
湖
北
省
随州市
重
庆
市
比例尺 1:2500000
0
20
40
80
120 km

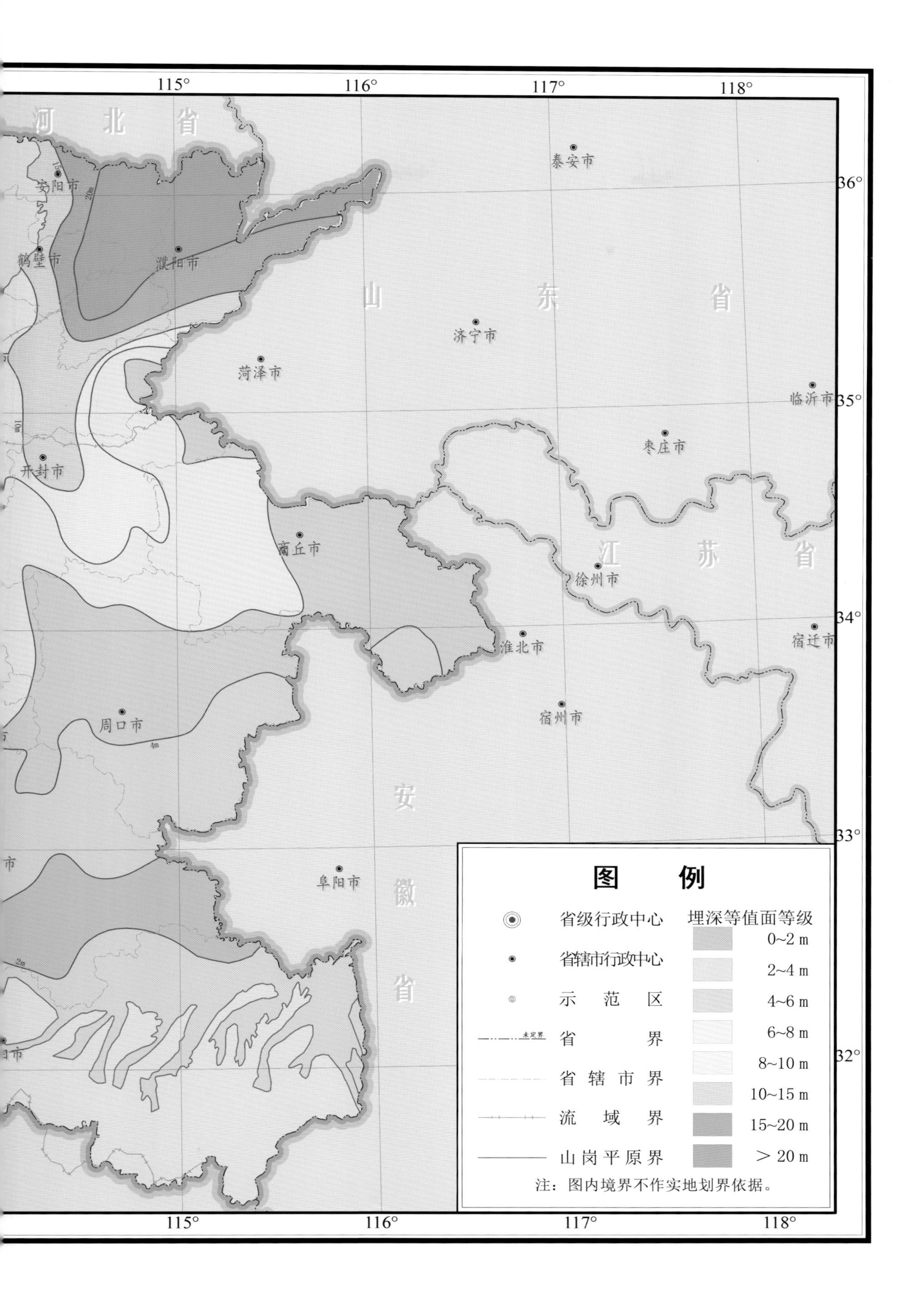

115°
116°
117°
118°
河 北 省
泰安市
36°
安阳市
鹤壁市
濮阳市
山 东 省
济宁市
菏泽市
临沂市
35°
枣庄市
开封市
商丘市
江 苏 省
徐州市
34°
淮北市
宿迁市
周口市
4m
宿州市
安
33°
阜阳市
徽
省
2m
32°
图 例
省级行政中心
省辖市行政中心
示 范 区
省 界
省 辖 市 界
流 域 界
山岗平原界
埋深等值面等级
0~2 m
2~4 m
4~6 m
6~8 m
8~10 m
10~15 m
15~20 m
＞20 m
注：图内境界不作实地划界依据。
115°
116°
117°
118°